Studies on orchids from Jiulian Mountain, China

中国九连山兰科植物研究

杨柏云　金志芳　梁跃龙　编著

中国林業出版社
CFPH China Forestry Publishing House

图书在版编目（CIP）数据

中国九连山兰科植物研究 / 杨柏云, 金志芳, 梁跃龙编著. -- 北京 : 中国林业出版社, 2021.12

ISBN 978-7-5219-1473-3

Ⅰ. ①中… Ⅱ. ①杨… ②金… ③梁… Ⅲ. ①兰科－野生植物－研究－江西 Ⅳ. ①Q949.71

中国版本图书馆CIP数据核字(2021)第266789号

中国林业出版社·自然保护分社（国家公园分社）

策划编辑：曾琬淋

责任编辑：曾琬淋　宋博洋

电　　话：（010）83143630

出版发行　中国林业出版社（100009　北京市西城区刘海胡同7号）

网　　站　http://www.forestry.gov.cn/lycb.html

印　　刷　北京中科印刷有限公司

版　　次　2021年12月第1版

印　　次　2021年12月第1次印刷

开　　本　787mm×1092mm　1/16

印　　张　14

字　　数　315千字

定　　价　228.00元

《中国九连山兰科植物研究》

编著

杨柏云　金志芳　梁跃龙

本研究主要参与单位和人员

南昌大学：

杨柏云　谭少林　罗火林　熊冬金　孔令杰
彭德镇　王　武　查兆兵　丁　浩　沈宝涛
刘南南　肖汉文　王程旺　陈兴惠　刘飞虎
黄　浪　肖鹏飞　李莉阳　唐晓东

江西九连山国家级自然保护区：

金志芳　梁跃龙　徐国良　廖海红　卓小海
付庆林　李子林　黄国栋　孔小丽　林智红
林宝珠　陈志高　钟　昊　张　拥　梁跃武
刘玄黄　吴　勇　唐培荣

广东连平黄牛石省级自然保护区：

何海俊　熊祥健　谢常青　赖国威　谢文健
叶国颂　熊衍望

序

兰科是有花植物中最大的科，有736属28000多种。中国有兰科植物194属1388种，还有许多亚种、变种和变型，南北均有分布，而以云南、台湾和海南最盛，其中江西约有62属198种。江西九连山国家级自然保护区已发现兰花42属102种，约占全国的7.3%、江西的51.5%。

兰花按其生态习性分，有地生兰、附生兰、腐生兰三大类，极罕为攀缘藤本；大部分供观赏，少数如石斛、天麻、白及、金线莲等可入药。由于地生兰大部分品种原产于中国，因此，地生兰又称中国兰。1985年5月，兰花被评为“中国十大名花”。中国兰主要分为春兰、蕙兰、建兰、寒兰、墨兰五大类，有上千种园艺品种。

中国兰素有“天下第一香”“花中君子”之美称，与梅、竹、菊并称为“四君子”，象征高洁典雅，已然融入民族精神。古往今来，爱兰者众，上至帝王宰相，下至黎民百姓，以兰立德，以兰明志，以兰交友，以兰怡情。历代文人骚客，或痴或迷，或吟之以诗、歌之为诚，或绘之以画、描之为韵，为世人留下了许多脍炙人口的名篇佳作。

南岭是我国重要的兰花分布区之一。地处南岭山地东部赣粤边境、始建于1975年的江西九连山自然保护区，是我国亚热带南岭山地的一颗绿色明珠。该保护区1981年晋升为省级自然保护区，2003年晋升为国家级自然保护区；1995年纳入中国生物圈保护区网络，是江西省最早加入该网络的自然保护区，保存着南岭山地低纬度、低海拔典型的原生性亚热带常绿阔叶林生态系统及丰富的生物多样性。在中国植被区划中属中亚热带湿润常绿阔叶林与南亚热带季风常绿阔叶林过渡地带，植物和植被具有过渡带的典型性，生物种类极为丰富。保护区内地势南高北低，最高海拔为1430m（黄牛石），最低海拔为280m（花露），气候温和湿润，沟壑纵横，生境多样，植被类型复杂，在沟谷中保存有亚热带沟谷雨林层片，造就了四季有兰香的典型环境。

江西九连山国家级自然保护区有这样一群爱兰、护兰、尊兰的自然保护工作者，他们几十年如一日，默默地守护着南岭山地的绿色明珠，为兰科植物撑起一片蓝色的天空。他们秉承艰苦奋斗、负重前行的精神，始终践行“绿水青山就是金山银山”的理念，辛勤耕耘在九连山上，呵护着九连山的山山水水、一草一木，使得九连山原生性亚热带常绿阔叶林生态系统得以完整保存。特别是近年来，他们与中国科学院动物研究所、中国科学院植物研究所、中山大学、南昌大学、江西农业大学等科研院所合作，开展了一系列资源普查、科考工作，先后出版了《九连山森林生态研究》《江西九连山国家级自然保护区蝴蝶》《中国九连山鸟类及其研究》等书籍，在国内外科学杂志发表论文100余篇，其中发表在SCI上的就有6篇，在科研兴区上走在了全国前列。2015年，江西九连山国家级自然保护区被评为“全国生态文明教育基地”，为构建我国南方生态屏障，建设国家生态文明试验区，打造美丽中国“江西样板”做出了积极贡献。

本书是作者历时11年潜心研究九连山兰花的成果，收集了目前九连山区最全的兰科植物，每个种都有其生境、植株以及花部特写照片，研究内容涉及兰科植物的形态、分类、系统、生物地理分布、传粉生物学、物种多样性保护等方面，并对九连山兰科植物保育和开发利用进行了展望，能很好地反映九连山兰科植物生物多样性的保护成果。我有幸先睹为快，不仅被书中精美的兰花图片所吸引，更为书中兰花研究的新手段、新方法、新论点所赞叹。在生态文明建设的新征程中，林业工作者要像九连山自然保护工作者研究兰花一样，始终尊重自然、感恩自然、敬畏自然，像呵护兰花一样呵护好一草一木，在保护的基础上充分发掘、培育、利用好珍稀动植物资源，保护好、建设好、利用好青山绿水，着力打通绿水青山与金山银山的双向转换通道，让生态之美永驻赣鄱大地。

这是我读后的一点体会，权当序吧。

江西省林业局局长 邱水文

2021 年 6 月

前　言

九连山山脉位于江西和广东边界、南岭东部的核心部位，山脉东北—西南走向。主峰黄牛石位于江西省龙南县九连山镇，海拔1430m，地势由南向北、由北向西南递降，山脊向北伸展，向西南延伸，呈放射状分支。九连山北连龙南、全南、定南，东北接武夷山山脉，东连和平，西接翁源，南延伸到新丰，西南延伸到北江清远飞来峡、英德浈阳峡等地，由花岗岩侵入砂页岩构成，是赣江与东江、东江与滃江的分水岭。九连山因环连江西、广东两省9个县并有99座山峰相连而得名，保存有较大面积的原生性常绿阔叶林，素有“生物资源基因库”“赣江源头”之称，是国内外科学家关注的地方，为南岭东部的一座绿色宝库。

九连山山脉有两个自然保护区：一个是江西九连山国家级自然保护区，位于龙南县（以下简称江西九连山保护区）；另一个是广东连平黄牛石省级自然保护区（以下简称广东黄牛石保护区）。江西九连山保护区地处南岭山地东部九连山西段，与广东省连平县毗邻，其地理位置为24°31′～24°39′N、114°27′～114°29′E，始建于1975年，1981年成为省级自然保护区，1995年纳入中国生物圈保护区网络，2003年6月晋升为国家级自然保护区。广东黄牛石保护区地处连平县北部，北与江西九连山保护区相连，东北与连平县的上坪镇交界，西南与陂头镇接壤，东南和南面与元善镇毗邻，其地理位置为24°25′～24°30′N、114°25′～114°29′E，2001年10月晋升为省级自然保护区。这两个保护区内植物资源丰富，物种多样，是东亚植物区系的发源地之一，在中国植物区系分区位置中属于泛北极植物区、中国—日本森林植物亚区、华东植物地区；在中国植被区划分中属于亚热带常绿阔叶林区域，东部（湿润）亚热带常绿阔叶林亚区域，中亚热带常绿阔叶林地带。1991年，《九连山植物名录》记载江西九连山保护区高等植物231科1478种，种子植物179科1312种，其中兰科植物有17属29种；2002年，《江西九连山自然保护区科学考察与森林生态系统研究》记载江西九连山保护区种子植物190科889属2321种（含种以下等级），其中兰科植物有29属60种。2002年广东黄牛石保护区组织开展了植被和野生动物资源本底调查，记录到维管植物193科696属1360种（含种以下等级），其中国家重点保护野生植物有9科9属9种；2015年，《广东连平黄牛石省级自然保护区野生动植物资源本底调查报告》记载维管植物1549种（含种以下等级），隶属于206科763属，包含蕨类植物37科

71属136种、裸子植物7科7属10种、被子植物162科685属1403种，其中兰科植物有14属22种。

作者从2008年始对九连山兰科植物进行研究，调查范围以江西九连山保护区和广东黄牛石保护区为重点，辐射到两个保护区保护边界之外的10km范围。研究成果主要有：2010年孔令杰等的《九连山自然保护区兰科植物资源分布及其特点》，2013年王武的《泽泻虾脊兰的传粉生物学研究》，2016年查兆兵的《多叶斑叶兰繁育系统与传粉生物学研究》和丁浩的《白肋翻唇兰生殖生物学研究Ⅰ》，2017年沈宝涛等的《九连山兰科植物资源现状及保护策略》，2018年王程旺等的《江西省兰科植物新记录》，2019年刘南南的《多叶斑叶兰传粉机制及繁殖生物学研究》和肖汉文的《白肋翻唇兰生殖生物学研究Ⅱ》，2020年陈兴惠的《玉凤花属4种植物的传粉生物学研究》、刘环等的《江西省兰科植物新资料》、徐国良和李子林的《九连山自然保护区10种维管植物新记录》，以及2021年徐国良的《江西省6种植物新记录》等。这些研究主要涉及九连山兰科植物的区系及其资源分布、传粉生物学研究及资源保护等方面。

本书植物物种的学名按国际植物命名法规书写，属和种按拉丁文的字母排序。保护区的自然条件主要参考《江西九连山自然保护区科学考察与森林生态系统研究》和《广东连平黄牛石省级自然保护区野生动植物资源本底调查报告》。本书表2.1和第3篇的物种名称以《中国植物志》和*Flora of China*为主进行核对。本书所记载的物种以采集到的标本为基础，主要依据有：一是作者长期野外考察研究的结果；二是查阅中国科学院植物研究所标本馆、南昌大学植物标本馆、庐山植物园标本馆、江西九连山国家级自然保护区植物标本馆、中国科学院华南植物研究所标本馆、中国科学院昆明植物研究所标本馆等收集的兰科植物标本信息；三是参考其他著作和文献，如《中国兰花全书》《植物分类学报》《植物研究》《热带亚热带学报》《西北植物学报》《武汉植物学研究》等。本书的编写力求客观、真实地反映九连山的兰科植物资源情况。

本书在编写过程中得到了许多专家、学者的指导和帮助，在此表示衷心的感谢！本书中的多数彩色图片系作者在野外考察时拍摄的，还有一部分由金效华、田怀珍、黄卫昌、黄明忠、亚吉东、袁浪兴、马良、张忠、熊宇、王炳谋、李玉玲、朱艺耀、周佳俊、王晓云、萧徽文、蔚阮杰、杨平、阳亿等提供，在此谨对上述各位朋友表示诚挚的谢意！

由于编写的水平和时间有限，难免会有错误和不足之处，欢迎读者不吝赐教。

编著者

2021 年 5 月

目 录

第 3 篇 九连山兰科植物

第1篇

九连山自然概况及兰科植物资源

1 九连山自然概况

1.1　地理地貌

九连山地处24°25′36″～24°38′55″N、114°22′17″～114°31′32″E，位于北回归线之北，地跨广东、江西两省，属于中亚热带湿润常绿阔叶林与南亚热带季风常绿阔叶林的过渡带。北部有江西九连山保护区，面积为13411.6hm^2（图1.1、图1.2）；南部有广东黄牛石保护区，面积为4450.6hm^2（图1.3、图1.4），这两个保护区以九连山最高峰黄牛石为分界线，其海拔为1430m。

九连山岩石组成主要有砂页岩、花岗岩、砾岩、片岩和石灰岩等。土壤质地疏松，土层较厚，养分充足，适宜林、草生长，为广东连平和江西龙南县内主要牧区和用材林区。地形为中、低山，山脉连绵起伏。中山地势高耸而陡峭，坡度30°～50°，最大坡度60°～65°，山峰海拔大多数在900m以上。低山山势较缓，坡度在30°～40°，最小为10°左右，海拔280～1430m，最大相对高差1150m。多数沟谷切割较深，“V”形谷及嶂谷发育，山间常年有溪流。

1.2　水文条件

九连山森林覆盖率达94.7%，天然植被保存完好，水源丰富，其中江西九连山保护区是赣江上游主要支流桃江的源头地区，有大丘田河、饭罗河、鹅公坑河、横坑水河、田心河、上围河、中迳河和墩头河等河流。广东黄牛石保护区内有两条溪河：一条发源于黄牛石顶，由北经中部流至东南；另外一条发源于西部大尖山，由西向东流至东南。两河汇合后流入麻陂河，后注入连平河，是汇入新丰江的主要支流。

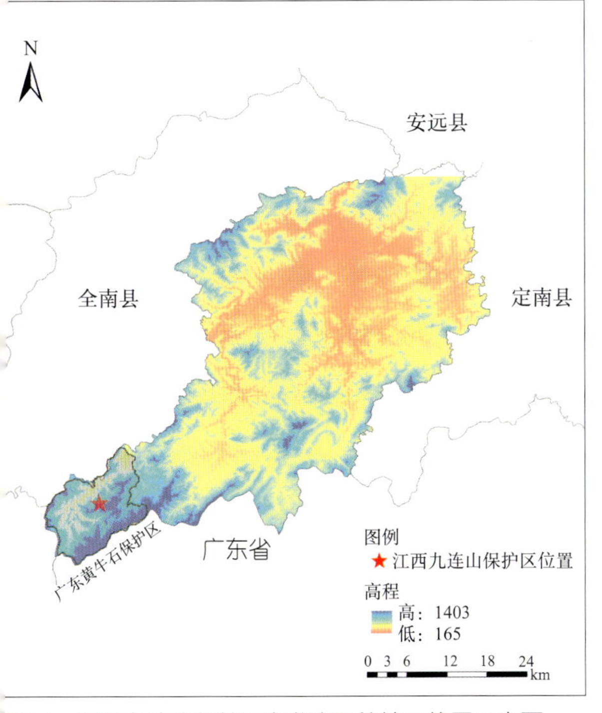

图1.1　江西九连山保护区在龙南县的地理位置示意图

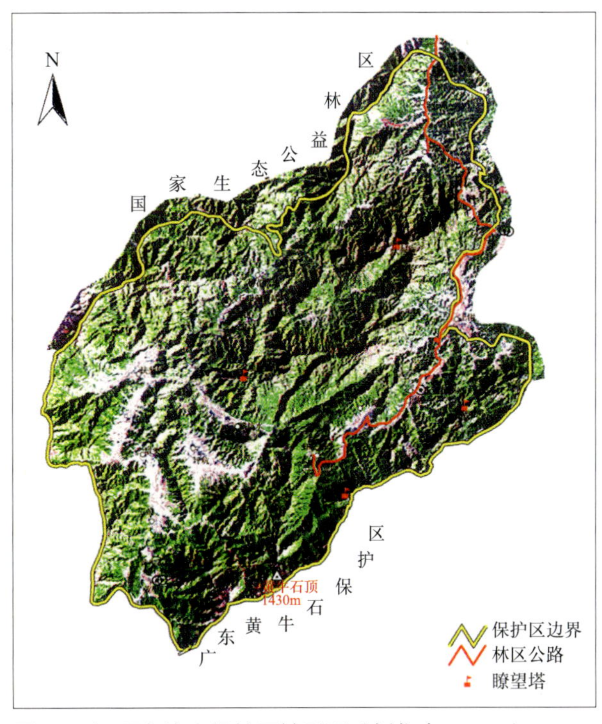

图1.2　江西九连山保护区地形图（刘信中，2002）

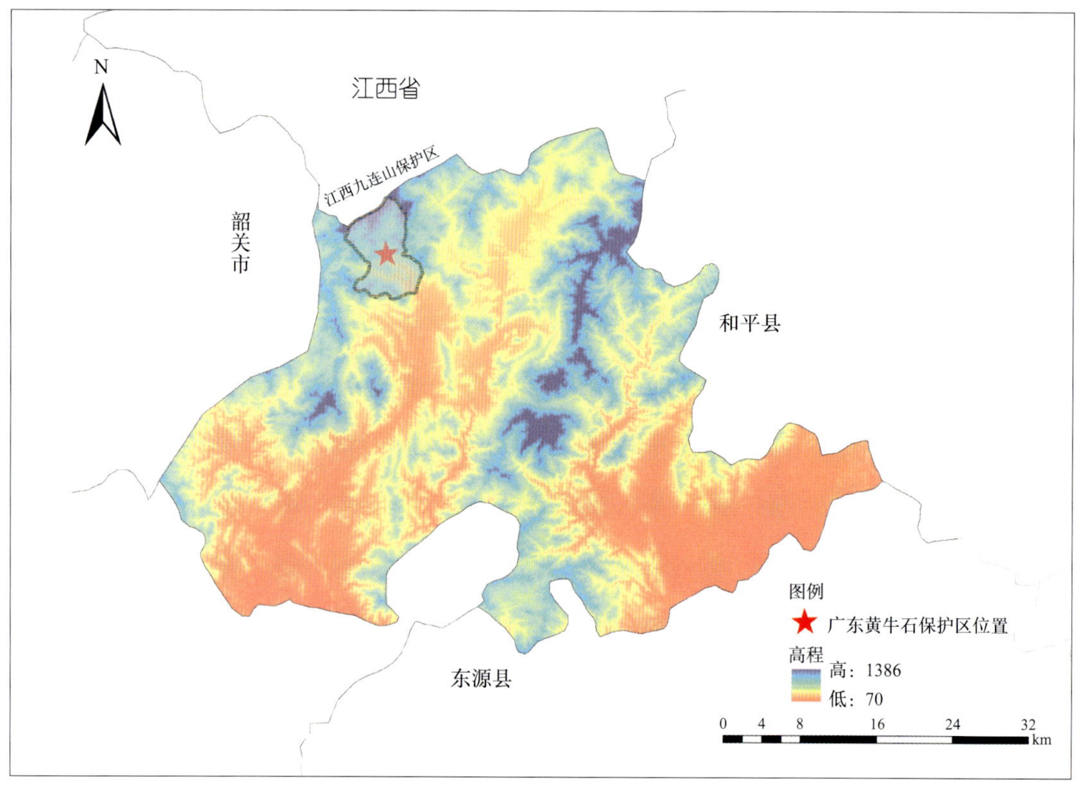

图1.3　广东黄牛石保护区在连平县的地理位置示意图

图1.4　广东黄牛石保护区地形图
（广东黄牛石保护区　供图）

1.3　水热条件

九连山地处中亚热带季风气候区，其气候兼具复杂多变的山地气候特点。春季低温多雨，夏季炎热，秋旱而冬寒。山北面与南面的年平均气温分别为16.4℃和20.7℃；7月平均气温最高，分别为26.3℃和28.0℃，极端最高气温39.5℃；1月平均气温最低，分别为9.2℃和10.8℃，极端最低气温-5.4℃。年平均降水量1758～2155.6mm，降水集中在4～8月，降水量在6月最大，在11月最小。年蒸发量790.2mm。九连山南坡和北坡的年平均相对湿度分别为79%和87%；平均日照分别为1659.8h和1069.5h，无霜期分别为335d和325d。

1.4　土壤条件

地质构造上，处在九连山山地隆起的东端，中生代燕山运动时，受到褶皱和断裂影响，并有花岗岩浆侵入，使山地隆起更高，有些构造断裂下陷，还堆积了白垩纪红色岩系。九连山地质构造复杂，成土母质多样，以砂页岩、页岩为主，伴有少量花岗岩。土壤的水平和垂直分布规律相当明显，按海拔高度自下而上依次分布为：红壤、黄红壤、黄壤和山地草甸土。

1.4.1　红壤

主要分布于海拔700m以下的山地丘陵，面积约占50%。植被以常绿阔叶林占多，少部分为针阔混交林和针叶纯林。因气候湿润、干湿季节明显，成土过程表现较强烈，加上地表的枯枝落叶层丰富，有机质积累分解，所以土层较厚，质地以砂质黏壤土为主，有机质含量高，土壤肥沃。

1.4.2　黄红壤

主要分布于海拔700～900m的山地，属红壤向黄壤过渡类型，面积约占20%。自然植被以常绿阔叶林为主，极少部分为针阔混交林。土层厚度略小于红壤，质地以砂质黏壤土为主，有机质含量显著高于红壤。

1.4.3　黄壤

主要分布于海拔900～1200m的山地，约占总面积的20%。植被以常绿阔叶林为主，但乔木层树高明显低于黄红壤和红壤，少部分为灌木林。气候较凉湿，雾多，无明显干湿季节，有机质含量高于红壤和黄红壤。

1.4.4　草甸土

主要分布于海拔1200m以上的山顶和山脊。由于海拔较高，气温低，降水多，湿度大。与基带相比，山顶部位气温至少要低5～10℃。由于所处环境气候冷凉，土体湿润，草甸植被生长茂密，每年能提供大量植物残体，但分解缓慢，从而积聚于土体中，使土壤有机质和腐殖质明显富集，形成草根层或草毡层和较厚的腐殖质层。

1.5　风

受季风影响，风向随季节变化明显。秋、冬偏北风较多，春、夏东南风较多，其中6～8月多偏南风。年平均风速为1.4m/s，瞬间最大风速为20m/s。

1.6　灾害性天气

主要灾害性天气有低温阴雨、冰雹雪灾、暴雨山洪、寒露风、霜冰冻、干旱等，其中影响较大的有冰雹雪灾和暴雨山洪。如2008年的南方雪灾，常绿阔叶林树冠尽毁，导致生境发生变化。还有2019年的山洪暴发，造成山体滑坡，河道堵塞，山谷两侧的植被尽毁。

2 九连山兰科植物区系及其资源分布

2.1　兰科植物区系成分

九连山兰科植物目前共有42属102种（表2.1），其中地生兰23属61种，附生兰13属32种，腐生兰6属9种，分别占总属数与总种数的54.76%、59.80%，30.95%、31.37%和14.29%、8.82%。九连山兰科植物生活型齐全，以地生兰为主，其中包含10个以上种的属仅有1属，占总属数的2.38%；包含5～9个种的属有6属，占总属数的14.29%；包含2～4个种的属有14属，占总属数的33.33%；单种属较为丰富，共有21属，占总属数的50.00%；中国特有属1属，即独花兰属；中国特有种23种，占总种数的22.55%（表2.2）。

根据吴征镒关于中国种子植物属的分布区类型划分的方法和原则，在属级水平上，可以将九连山的兰科植物划分为9个类型2个变型（表2.3）。其中，世界分布1属，即羊耳蒜属；泛热带分布3属，即石豆兰属、美冠兰属、虾脊兰属；旧世界热带分布6属，即虎舌兰属、鸢尾兰属、鹤顶兰属、翻唇兰属、线柱兰属、芋兰属，以及热带亚洲、非洲和大洋洲间断分布2属，即山珊瑚属、带叶兰属；热带亚洲至热带大洋洲分布7属，即开唇兰属、隔距兰属、兰属、葱叶兰属、阔蕊兰属、石仙桃属、天麻属；热带亚洲至热带非洲分布2属，即苞舌兰属和叉柱兰属；热带亚洲分布13属，即竹叶兰属、贝母兰属、吻兰属、石斛属、斑叶兰属、厚唇兰属、带唇兰属、异型兰属、盂兰属、无叶兰属、盆距兰属、寄树兰属、肉果兰属，以及热带印度至华南分布1属，即独蒜兰属；北温带分布3属，即玉凤花属、舌唇兰属、绶草属；东亚分布3属，即白及属、杜鹃兰属、萼脊兰属；中国特有分布1属，即独花兰属。

九连山自然保护区植物区系处于热带植物区系与温带植物区系过渡的交汇地带。九连山兰科植物区系成分比较复杂，与世界其他地方植物区系存在比较广泛的联系。根据分布区类型将九连山兰科植物的42属102种进行统计，从区系起源来看，热带分布属（含泛热带分布、旧世界热带分布、热带亚洲至热带大洋洲和热带非洲分布、热带亚洲分布）占本地区总属的80.95%，其中热带亚洲分布占33.33%。九连山的兰科植物资源中，中国特有种23种，占总种数的22.55%，表明九连山兰科植物具有丰富的特有性。

2.2　兰科植物区系地理成分多样性指数分析

植物区系地理成分多样性指数不仅能反映各山脉或自然保护区植物属分布型的丰富程度，而且能表示各分布型属数的均匀程度。植物区系的相似性公式有很多，本研究采用的是Shannon-Wiener指数（H）和Simpson指数（D）：

$$H = -\sum p_i \cdot \ln p_i$$

$$D = 1 - \sum p_i^2$$

式中，p_i为属级分布区的相对百分率；i为属级分布编号。

经过计算，九连山地区兰科植物区系地理成分多样性指数H为1.94，D为0.83。植物区系多样性指数的高低表明生境的复杂性程度不同，这种复杂性主要体现在热量的分布上，其受海拔的影响显著，九连山海拔最高处为黄牛石，约1430m，该地区热量匹配异质性较强，而海拔较低的地区自然环境的热量匹配较为平均。总的来说，地势由南向北、由北向西南递降，山脊向北伸展，向西南延伸，呈放射状分支，从而形成地理成分多样的格局。

2.3 兰科植物资源分布特点

2.3.1 水平分布

九连山野生兰科植物主要以江西九连山保护区为分布中心，总体显现零星分布格局，但局部密集分布区多，如虾公塘、花露、鹅公坑以及黄牛石等保护站所在地。地生兰一般生长在常绿阔叶林下、林缘山坡草地草丛、溪边或路边、沟边土坡上；附生兰一般生长在两山之间河谷边的树干或岩石上，需要有散射的光照条件，主要依靠丰富的气生根从潮湿的空气及苔藓植物中吸收水分，但其中也有少数植物能在腐殖质含量较高的土壤中正常生长；腐生兰自身不能进行光合作用，主要依靠与真菌结合后从腐烂木材等腐殖质中吸收营养来完成生长发育过程。白肋翻唇兰、多叶斑叶兰、橙黄玉凤花和绶草等地生兰呈现片块状密集分布，个体基数大，丰富度高；流苏贝母兰、广东石豆兰、细叶石仙桃和石斛属植物等，则呈现零星分布，主要分布于水系或路边两侧的树干和岩石上，在阔叶林中很少有分布。

2.3.2 垂直分布

九连山野生兰科植物从山脚到山顶都有分布，其分布多度、生活型因海拔不同而有较大的差异，地生兰和附生兰在海拔500～900m的常绿阔叶林中最为丰富，腐生兰主要分布于海拔600～900m（表2.1～表2.3、图2.1）。有些种类适应性广，从低海拔至高海拔均有分布，如橙黄玉凤花、绶草、小舌唇兰等。

九连山兰科植物的垂直分布带谱十分明显，从低海拔的丘陵到中低山地带都有分布。以热带成分为主的附生兰绝大多数分布于中低海拔的丘陵、低山河谷中的树干、山石之上，最常见的有始兴石斛、大序隔距兰、广东石豆兰、石仙桃、细叶

表2.1 九连山兰科植物名录及濒危等级

序号	中文名	学名	IUCN①	CSRL②	特有种	丰富度③	生活型	海拔（m）
1	金线兰	*Anoectochilus roxburghii*		EN		++	地生	500～1000
2	浙江金线兰	*Anoectochilus zhejiangensis*	EN	EN		+	地生	500～1000
3	无叶兰	*Aphyllorchis montana*		LC		++	腐生	600～1100
4	单唇无叶兰	*Aphyllorchis simplex*		CR	是	+	腐生	600～1100
5	竹叶兰	*Arundina graminifolia*		LC		++	地生	500～1000
6	白及	*Bletilla striata*		EN		+	地生	300～600
7	芳香石豆兰	*Bulbophyllum ambrosia*		LC		+++	附生	400～700
8	瘤唇卷瓣兰	*Bulbophyllum japonicum*		LC		++	附生	500～800
9	广东石豆兰	*Bulbophyllum kwangtungense*		LC	是	++++	附生	300～800
10	齿瓣石豆兰	*Bulbophyllum levinei*		LC	是	++	附生	500～900
11	斑唇卷瓣兰	*Bulbophyllum pectenveneris*				++	附生	500～900

续表

序号	中文名	学名	IUCN[1]	CSRL[2]	特有种	丰富度[3]	生活型	海拔（m）
12	藓叶卷瓣兰	*Bulbophyllum retusiusculum*		LC		++	附生	500～900
13	伞花石豆兰	*Bulbophyllum shwelisense*		NT		+	附生	400～900
14	泽泻虾脊兰	*Calanthe alismaefolia*			是	+++	地生	400～1000
15	银带虾脊兰	*Calanthe argentro-striata*			是	++	地生	600～1000
16	钩距虾脊兰	*Calanthe graciliflora*				+++	地生	300～1000
17	肾唇虾脊兰	*Calanthe brevicornu*		LC		++	地生	400～900
18	长距虾脊兰	*Calanthe sylvatica*		LC		+++	地生	500～1000
19	独花兰	*Changnienia amoena*	EN	EN	是	++	地生	500～800
20	云南叉柱兰	*Cheirostylis yunnanensis*		LC			地生	300～800
21	广东异型兰	*Chiloschista guangdongensis*		CR	是	++	地生	300～700
22	广东隔距兰	*Cleisostoma simondii* var. *guangdongense*		VU	是	++	附生	500～900
23	大序隔距兰	*Cleisostoma paniculatum*		LC		+++	附生	500～1000
24	流苏贝母兰	*Coelogyne fimbriata*				++++	附生	500～1000
25	台湾吻兰	*Collabium formosanum*		LC		++	地生	500～800
26	杜鹃兰	*Cremastra appendiculate*				+	地生	400～700
27	斑叶杜鹃兰	*Cremastra unguiculata*		CR		+	地生	400～700
28	建兰	*Cymbidium ensifolium*		VU		+++	地生	500～1000
29	蕙兰	*Cymbidium faberi*				+++	地生	500～1000
30	多花兰	*Cymbidium floribundum*		VU		++	附生	500～1000
31	春兰	*Cymbidium goeringii*		VU		++	地生	500～1000
32	寒兰	*Cymbidium kanran*		VU		++	地生	300～1000
33	兔耳兰	*Cymbidium lancifolium*		LC		++	地生	600～1000
34	峨眉春蕙	*Cymbidium omeiense*				++	地生	500～1200
35	墨兰	*Cymbidium sinense*		VU		++	地生	500～1000
36	血红肉果兰	*Cyrtosia septentrionalis*		VU		+	腐生	400～800
37	钩状石斛	*Dendrobium aduncum*		VU		++	附生	600～1000
38	密花石斛	*Dendrobium densiflorum*		VU		+	附生	400～700
39	重唇石斛	*Dendrobium hercoglossum*		NT		++	附生	500～1000
40	霍山石斛	*Dendrobium huoshanense*	CR	CR	是	+	附生	500～1000
41	美花石斛	*Dendrobium loddigesii*		VU		++	附生	500～900

续表

序号	中文名	学名	IUCN[①]	CSRL[②]	特有种	丰富度[③]	生活型	海拔（m）
42	罗河石斛	*Dendrobium lohohense*	EN	EN		+	附生	500～1000
43	细茎石斛	*Dendrobium moniliforme*	EN			++	附生	500～1000
44	铁皮石斛	*Dendrobium officinale*	CR		是	+	附生	500～1000
45	单葶草石斛	*Dendrobium porphyrochilum*		EN		++	附生	500～1000
46	始兴石斛	*Dendrobium shixingense*				++	附生	400～900
47	广东石斛	*Dendrobium wilsonii*		CR		+	附生	400～800
48	单叶厚唇兰	*Epigeneium fargesii*		LC		++	附生	500～800
49	虎舌兰	*Epipogium roseum*		LC		++	腐生	600～900
50	紫花美冠兰	*Eulophia spectabilis*		LC		+	地生	300～800
51	无叶美冠兰	*Eulophia zollingeri*		LC		+	地生	300～800
52	山珊瑚	*Galeola faberi*		LC	是	+	腐生	500～900
53	毛萼山珊瑚兰	*Galeola lindleyana*		LC		+	腐生	500～1000
54	黄松盆距兰	*Gastrochilus japonicas*		VU		+	附生	500～800
55	天麻	*Gastrodia elata*	VU	VU	是	+	腐生	600～1000
56	北插天天麻	*Gastrodia peichatieniana*		LC	是	+	腐生	500～900
57	大花斑叶兰	*Goodyera biflora*		NT		+	地生	500～900
58	多叶斑叶兰	*Goodyera foliosa*		LC	是	+++	地生	300～800
59	光萼斑叶兰	*Goodyera henryi*		VU		+	地生	400～900
60	小斑叶兰	*Goodyera procera*		LC		+	地生	400～1000
61	高斑叶兰	*Goodyera procera*		LC		+	地生	500～900
62	斑叶兰	*Goodyera schlechtendaliana*		NT		+++	地生	400～1000
63	绿花斑叶兰	*Goodyera viridiflora*		LC		++	地生	400～900
64	小小斑叶兰	*Goodyera yangmeishanensis*			是	++	地生	400～1000
65	毛葶玉凤花	*Habenaria ciliolaris*		LC	是	+	地生	300～1000
66	鹅毛玉凤花	*Habenaria dentata*		LC		+	地生	300～1000
67	线瓣玉凤花	*Habenaria fordii*	VU	LC	是	+	地生	500～1000
68	裂瓣玉凤花	*Habenaria petelotii*				+	地生	400～900
69	橙黄玉凤花	*Habenaria rhodocheila*		LC		++	地生	500～1100
70	十字兰	*Habenaria schindleri*		VU		+	地生	500～900
71	白肋翻唇兰	*Hetaeria cristata*				+++	地生	400～900
72	全唇盂兰	*Lecanorchis nigricans*		NT		+	腐生	600～1100

续表

序号	中文名	学名	IUCN[①]	CSRL[②]	特有种	丰富度[③]	生活型	海拔（m）
73	镰翅羊耳蒜	*Liparis bootanensis*		LC		+++	附生	400～1000
74	紫花羊耳蒜	*Liparis gigantea*		LC		+++	地生	400～1200
75	长苞羊耳蒜	*Liparis inaperta*		CR	是	++	附生	500～1000
76	见血青	*Liparis nervosa*		LC		+++	地生	400～1000
77	香花羊耳蒜	*Liparis odorata*		LC		++	地生	400～900
78	长唇羊耳蒜	*Liparis pauliana*		LC	是	++	地生	400～1000
79	葱叶兰	*Microtis unifolia*		LC		+	地生	500～1000
80	广布芋兰	*Nervilia aragoana*		VU		+	地生	400～800
81	毛叶芋兰	*Nervilia plicata*			是	+	地生	400～800
82	狭叶鸢尾兰	*Oberonia caulescens*		NT		++	附生	400～800
83	狭穗阔蕊兰	*Peristylus densus*				++	地生	400～900
84	黄花鹤顶兰	*Phaius flavus*		LC		++	地生	300～900
85	鹤顶兰	*Phaius tankervilliae*				+++	地生	300～900
86	细叶石仙桃	*Pholidota cantonensis*		LC	是	++++	附生	400～1000
87	石仙桃	*Pholidota chinensis*	NT	LC		+++	附生	400～800
88	小舌唇兰	*Platanthera minor*		LC		++	地生	500～1300
89	东亚舌唇兰	*Platanthera ussuriensis*				++	地生	400～900
90	南岭舌唇兰	*Platanthera nanlingensis*				++	地生	400～800
91	阴生舌唇兰	*Platanthera yangmeiensis*		NT		++	地生	400～1000
92	台湾独蒜兰	*Pleione formosana*	VU	VU	是	+	附生	500～1000
93	寄树兰	*Robiquetia succisa*		LC		+	附生	500～900
94	苞舌兰	*Spathoglottis pubescens*		LC		++	地生	400～900
95	短茎萼脊兰	*Sedirea subparishii*		EN		++	附生	600～1000
96	香港绶草	*Spiranthes hongkongensis*				++	地生	300～1000
97	绶草	*Spiranthes sinensis*	LC	LC		+++	地生	200～1000
98	带叶兰	*Taeniophyllum glandulosum*		LC		+	附生	500～900
99	心叶带唇兰	*Tainia cordifolia*				+	地生	400～900
100	带唇兰	*Tainia dunnii*		NT	是	++	地生	300～1000
101	芳线柱兰	*Zeuxine nervosa*		EN		+	地生	500～1000
102	线柱兰	*Zeuxine strateumatica*	LC	LC		++	地生	600～1000

注：①世界自然保护联盟，IUCN。此处指《世界自然保护联盟濒危物种红色名录》。其中，NT=近危，CR=极危，EN=濒危，VU=易危，NT=近危，LC=无危。

②《中国物种红色名录》(China Species Red List, CSRL)。其中，CR=极危，EN=濒危，VU=易危，NT=近危，LC=无危。

③丰富度："++++"=高，"+++"=中，"++"=低，"+"=罕见。

表2.2　九连山兰科植物各属物种数

属	物种数	属	物种数
开唇兰属 *Anoectochilus*	2	吻兰属 *Collabium*	1
无叶兰属 *Aphyllorchis*	2	杜鹃兰属 *Cremastra*	2
竹叶兰属 *Arundina*	1	兰属 *Cymbidium*	8
白及属 *Bletilla*	1	肉果兰属 *Cyrtosia*	1
石豆兰属 *Bulbophyllum*	7	石斛属 *Dendrobium*	11
虾脊兰属 *Calanthe*	5	厚唇兰属 *Epigeneium*	1
独花兰属 *Changnienia*	1	虎舌兰属 *Epipogium*	1
叉柱兰属 *Cheirostylis*	1	美冠兰属 *Eulophia*	2
异型兰属 *Chiloschista*	1	山珊瑚属 *Galeola*	2
隔距兰属 *Cleisostoma*	2	盆距兰属 *Gastrochilus*	1
贝母兰属 *Coelogyne*	1	天麻属 *Gastrodia*	2
斑叶兰属 *Goodyera*	8	石仙桃属 *Pholidota*	2
玉凤花属 *Habenaria*	6	舌唇兰属 *Platanthera*	4
翻唇兰属 *Hetaeria*	1	独蒜兰属 *Pleione*	1
盂兰属 *Lecanorchis*	1	寄树兰属 *Robiquetia*	1
羊耳蒜属 *Liparis*	6	苞舌兰属 *Spathoglottis*	1
葱叶兰属 *Microtis*	1	萼脊兰属 *Sedirea*	1
芋兰属 *Nervilia*	2	绶草属 *Spiranthes*	2
鸢尾兰属 *Oberonia*	1	带叶兰属 *Taeniophyllum*	1
阔蕊兰属 *Peristylus*	1	带唇兰属 *Tainia*	2
鹤顶兰属 *Phaius*	2	线柱兰属 *Zeuxine*	2

表2.3　九连山兰科植物属分布类型统计

分布区类型	属名	属数	占总属数（%）
1 世界分布	羊耳蒜属	1	2.38
2 泛热带分布	石豆兰属、美冠兰属、虾脊兰属	3	7.14
4 旧世界热带分布	虎舌兰属、鸢尾兰属、鹤顶兰属、翻唇兰属、线柱兰属、芋兰属	6	14.29
4-1 热带亚洲、非洲和大洋洲间断分布	山珊瑚属、带叶兰属	2	4.76
5 热带亚洲至热带大洋洲分布	开唇兰属、隔距兰属、兰属、葱叶兰属、阔蕊兰属、石仙桃属、天麻属	7	16.67
6 热带亚洲至热带非洲分布	苞舌兰属、叉柱兰属	2	4.76
7 热带亚洲分布	竹叶兰属、贝母兰属、吻兰属、石斛属、斑叶兰属、厚唇兰属、带唇兰属、异型兰属、盂兰属、无叶兰属、盆距兰属、寄树兰属、肉果兰属	13	30.95
7-2 热带印度至华南分布	独蒜兰属	1	2.38
8 北温带分布	玉凤花属、舌唇兰属、绶草属	3	7.14
14 东亚分布	白及属、杜鹃兰属、萼脊兰属	3	7.14
15 中国特有分布	独花兰属	1	2.38
合计		42	100

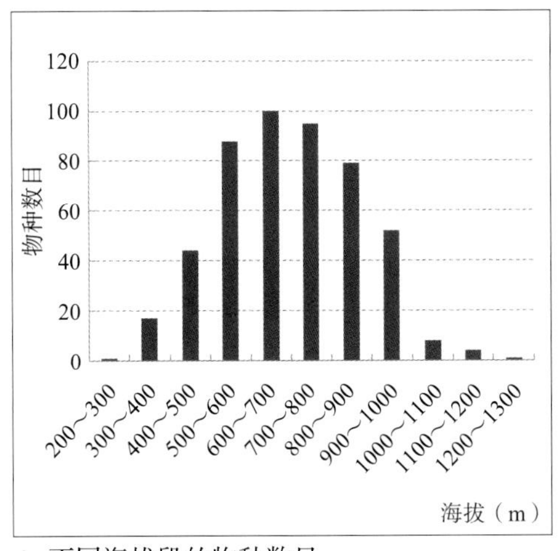

A. 不同海拔段的物种数目

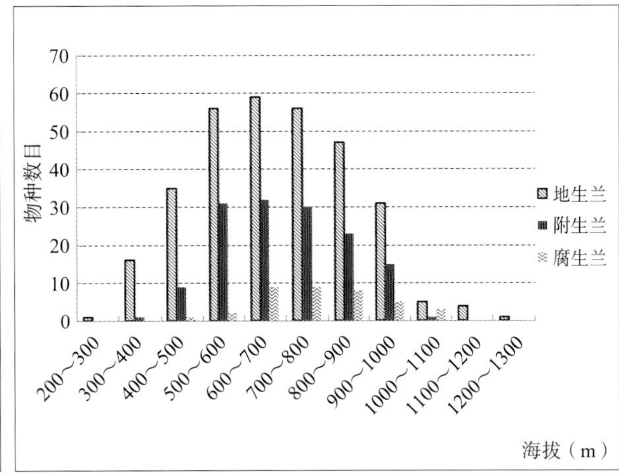

B. 不同海拔段不同生活型的物种数目

图2.1　九连山兰科植物垂直分布与海拔的关系

石仙桃、流苏贝母兰、独蒜兰等，个别种分布上限达海拔1000m左右，如广东石豆兰。腐生兰分布于海拔600～1100m的甜槠（*Castanopsis eyrei*）、栲（*Castanopsis fargesii*）、木荷（*Schima superba*）等常绿阔叶林或路边草丛中，但个体数量稀少，如无叶兰、单唇无叶兰、毛萼山珊瑚、虎舌兰等。地生兰种类最多，从低海拔到1000m都有分布，但以海拔500～1000m的常绿阔叶林环境下种类最为丰富。海拔500m以下丘陵、平地分布的地生兰有寒兰、多花兰、斑叶兰、毛葶玉凤花、鹅毛玉凤花、橙黄玉凤花、无叶美冠兰、带唇兰等。海拔500～1000m分布的地生兰有竹叶兰、金线兰、芳香石豆兰、伞花石豆兰、瘤唇卷瓣兰、斑唇卷瓣兰、藓叶卷瓣兰、长距虾脊兰、钩距虾脊兰、广东异型兰、杜鹃兰、多花兰、建兰、蕙兰、春兰、寒兰、兔耳兰、密花石斛、美花石斛、细茎石斛、单葶草石斛、始兴石斛、黄天麻、北插天天麻、黄松盆距兰、多叶斑叶兰、小斑叶兰、斑叶兰、绿花斑叶兰、小小斑叶兰、毛葶玉凤花、鹅毛玉凤花、线瓣玉凤花、橙黄玉凤花、十字兰、白肋翻唇兰、葱叶兰、全唇盂兰、长苞羊耳蒜、见血青、长唇羊耳蒜、狭穗阔蕊兰、黄花鹤顶兰、鹤顶兰、舌唇兰、小舌唇兰、短茎萼脊兰、心叶带唇兰、带唇兰、黄花线柱兰等。分布于1000m以上的地生兰有兔耳兰、单叶厚唇兰、毛葶玉凤花、橙黄玉凤花、小舌唇兰、黄花鹤顶兰和鹤顶兰等。

2.3.3　丰富度

由表2.1可见，九连山兰科植物丰富度高的有3种（占总种数的2.94%），丰富度中等的有16种（占总种数的15.69%），丰富度低的有45种（占总种数的44.12%），罕见的有38种（占总种数的37.25%）。可见，九连山野生兰科植物其丰富度以低等级的种类占多数。

九连山兰科植物种类丰富，生活型齐全，这是与九连山地理位置和气候分不开的。九连山地处中亚热带南部，气候温和湿润，保存有较大面积原生性较强的常绿阔叶林，为野生植物提供了良好的生存环境。但九连山兰科植物属内的种数不多，含1个种或2个种的属较多，反映出九连山的生态环境有利于古老残遗植物属的保存和新建属迁移定居与分化，能表征该区植物区系的古老残遗性、特有性和亚热带常绿阔叶林区植被组成特点。另外，兰科植物对生境的要求更为苛刻，环境的变化使不能适应的兰科植物灭绝，能适应的种类则繁衍至今，形成属内的种数不多的现象。而九连山中段海拔区域森林的优势树种主要为毛锥（*Castanopsis fordii*）、栲、青冈（*Cyclobalanopsis glauca*）、钩锥（*Castanopsis tibetana*）等，形成了亚热带常绿季风雨林，林中树木高大，树冠郁闭度较高，林下灌木和草本植物较少，为地生兰提供了适宜的生境。同时，沟谷众多，为附生兰提供了良好的生长空间。此外，林下腐叶丰富，真菌种类多，环境较为阴湿，也适宜腐生兰的生存。这些森林生态特征，都与兰科植物在海拔500～1000m的区域分布最为丰富密切相关。

3

九连山兰科植物濒危状况与保护策略

通过典型生境路线调查，结合已有的资料，根据九连山兰科植物分布情况及调查过程中的遇见率高低，将九连山兰科植物物种丰富度划分为“高”“中”“低”“罕见”4个等级。依据《世界自然保护联盟濒危物种红色名录》与《中国物种红色名录》，对九连山兰科植物的濒危状况进行统计，界定濒危种类。选取与九连山纬度相近的广西雅长、广东南岭、福建虎伯寮及江西内齐云山、井冈山、三清山、庐山、武夷山、马头山9个保护区进行兰科植物种类的濒危状况比较，分析九连山兰科植物种类资源现状及受威胁因素，有针对性地提出保护策略。

3.1　受威胁兰科植物的种数

九连山兰科植物被列入《世界自然保护联盟濒危物种红色名录》的有9属12种，分别占属总数与种总数的21.43%和11.76%；被《中国物种红色名录》收录的有81种，其中极危（CR）种有5属6种，濒危（EN）种有6属8种，易危（VU）种有10属16种，近危（NT）种有7属8种，无危（LC）种有26属43种，分别占属总数与种总数的11.90%和5.88%、14.29%和7.84%、23.81%和15.69%、16.67%和7.84%、61.90%和42.16%（表3.1）；被《中国高等植物受威胁物种名录》收录的有18属29种，受威胁等级包括极危、濒危和易危，极危有5属5种，濒危有7属8种，易危有8属16种，分别占属总数与种总数的11.90%和4.90%、16.67%和7.84%、19.05%和15.69%。其中极危种包括单唇无叶兰、斑叶杜鹃兰、广东异型兰、广东石斛、长苞羊耳蒜，应作为重点保护类群。

3.2　种类濒危状况与其他保护区比较

与纬度相近的广西雅长、广东南岭、福建虎伯寮（以下分别简称雅长、南岭和虎伯寮）3个保护区比较，均为兰科植物被《中国物种红色名录》收录的种类多，而被《世界自然保护联盟濒危物种红色名录》收录的种类较少。其中九连山兰科植物被《中国物种红色名录》收录的种数占总种数比例最高（除关注种外），雅长次之，南岭最低；九连山兰科植物极危与濒危物种数分别为总物种数的5.88%和7.84%，雅长为0.88%和6.19%，南岭为1.65%和6.61%，虎伯寮为0和2.0%（表3.2）。

与江西省境内的齐云山、井冈山、三清山、庐山、武夷山、马头山6个国家级自然保护区比较，均为兰科植物被《中国物种红色名录》收录的种类多（除关注种外），均高于90%，其中九连山兰科植物极危与濒危的总种数最多，井冈山次之，三清山最低；特有种的种数，与井冈山和武夷山相近（表3.3）。

笔者在进行濒危程度统计的过程中，发现九连山与雅长、南岭、虎伯寮一样，兰科植物被《中国物种红色名录》收录的种类多，被《世界自然保护联盟濒危物种红色名录》收录的种类极少，许多稀有种尚未被收录，如单唇无叶兰、广东异型兰等，

表3.1　九连山兰科植物濒危等级及占保护区总种数的比例

濒危等级	种数	百分比（%）	濒危等级	种数	百分比（%）
极危	6	5.88	近危	8	7.84
濒危	8	7.84	无危	43	42.16
易危	16	15.69	数据缺乏	21	20.59

表3.2　九连山与省外纬度相近保护区兰科植物濒危状况的比较

地区	纬度	《世界自然保护联盟濒危物种红色名录》		《中国物种红色名录》					
		种数	百分比（%）	CR	EN	VU	NT	受威胁总种数	百分比（%）
九连山	24° 29′～24° 38′ N	12	11.76	6	8	16	8	38	37.25
雅长	24° 44′～24° 53′ N	10	8.85	1	7	19	8	35	30.97
南岭	24° 37′～24° 57′ N	9	7.44	2	8	16	15	41	33.88
虎伯寮	24° 30′～24° 56′ N	2	2.13	0	2	18	24	44	93.62

注：CR=极危，EN=濒危，VU=易危，NT=近危。下同。

表3.3　江西省主要自然保护区兰科植物濒危状况

地区	《中国物种红色名录》					特有种	总种数
	CR	EN	VU	NT	受威胁种数百分比（%）		
九连山	6	8	16	8	37.25	23	102
齐云山	2	2	7	6	27.42	15	62
井冈山	2	3	7	6	24.00	19	75
三清山	1	1	13	13	93.33	10	30
庐山	1	2	3	7	31.71	12	41
武夷山	0	7	6	3	33.33	21	48
马头山	1	5	19	32	91.94	17	62

而常见的绶草、石仙桃等却被收录。究其原因，可能是评估的过程中物种种群信息不够全面或更新不及时，未能反映其在一些国家或地区的生存状况。《中国物种红色名录》则是以《世界自然保护联盟濒危物种红色名录》作为评估的依据，结合我国资源的实际情况对我国现阶段物种现状做出全面的、科学的评估，其评估受威胁的等级不一定与其他地区或国家一样。

3.3　兰科植物受威胁的主要因素

3.3.1　自然灾害

极端气候事件(如洪涝、冰雪、高温干旱等)的发生频率和强度增加，会导致兰科植物的栖息地遭到破坏，使兰科植物的生存受到威胁。如2008年的冰冻雪灾，导致大部分常绿阔叶林的树冠折断或整株倾倒，造成附生兰失去了生存的生境和资源的破坏，如石斛属的钩状石斛、重唇石斛、广东石斛、始兴石斛以及石仙桃属的石仙桃、狭叶石仙桃和隔距兰属的大序隔距兰等从空中落掉到地面，同时也导致大多数地生兰和腐生兰的生境遭到破坏（图3.1）。又如2019年6月10日的暴雨山洪，水量集中、流速大、水流中挟带泥沙甚至石块等，冲刷破坏力强，常造成局部性洪灾，导致整个九连山河谷水势暴涨，河谷两侧的乔木、灌木和地被植物尽

图3.1　2008年南方雪灾对九连山植被和兰科植物的影响

1. 常绿阔叶林被冰雪压断树干总体状况　2. 常绿阔叶林被冰雪压断树干局部状况　3. 附着广东石斛的树干　4. 附着大序隔距兰的树干

毁，生长在河谷两侧的兰科植物遭到了毁灭性的破坏。其中，虾公塘主沟原来有大量分布的多叶斑叶兰、白肋翻唇兰和泽泻虾脊兰等，在洪水的冲刷下，存活下来的植株不到原先的1/4；长距虾脊兰生长于沟谷乱石丛中，此次洪水使该植株从原来的100多株下降到20多株；东亚舌唇兰生长在小溪边沼泽中，该种群在九连山自然保护区的3个分布点受到极大损坏，据调查，该种资源数量从原有的200多株到目前的仅剩10株。此外，每年的台风带来的强降雨造成的塌方对兰科植物的生存也带来较大的影响，生长在公路两侧的苞舌兰、东亚舌唇兰、带唇兰和狭穗阔蕊兰居群常被塌方掩埋（图3.2）。

3.3.2　人为因素

兰科植物的生存离不开自然因素的支持与影响，如降水、湿度、日照与风力等，但除此之外，人为因素同样对兰科植物的生存产生极大的影响。

3.3.2.1　有法不依，执法不严

我国向来对植物资源的保护管理极为重视。《中华人民共和国宪法》第九条规定："国家保障自然资源的合理利用，保护珍贵的动物和植物。禁止任何组织或者个人用任何手段侵占或者破坏自然资源。"据此，全国人大先后颁布了《中华人民共和国森林法》《中华人民共和国草原法》

图3.2 2019年九连山山洪暴发造成的影响

1. 山体滑坡 2. 河床两侧的植被被毁 3. 对长距虾脊兰的影响 4. 对建兰的影响

《中华人民共和国环境保护法》，国务院先后发布了《野生药材资源保护管理条例》《自然保护区条例》等法律、法规，对野生植物资源的保护管理做了明确的规定。1996年，我国第一部专门保护野生植物的行政法规——《中华人民共和国野生植物保护条例》由国务院正式发布，并自1997年1月1日起实施。此外，我国于1980年加入了《濒危野生动植物种国际贸易公约》（CITES），1992年签署了《生物多样性公约》。还有，原环境保护部、原农业部、原国家林业局、国家中医药管理总局等有关部委也先后颁布了一系列的有关珍稀濒危植物保护的规定。可见，我国对植物资源和生物多样性保护的有关法律和法规是完善的，关键是执法队伍不健全，执法人员素质参差不齐，执法能力不强，没有做到有法必依。

3.3.2.2 滥挖乱采

人类频繁活动是兰科植物生存和维持的最大威胁，一些具有观赏或药用价值的种类遭受过度采挖，导致大量物种濒危或灭绝，如兰属中的春兰、寒兰等，独蒜兰属的台湾独蒜兰；有些种类两者兼备，如石斛属的铁皮石斛、霍山石斛、广东石斛和始兴石斛等，白及属中的白及，开唇兰属的金线兰，以及石豆兰属的广东石豆兰，破坏情况更严重，在野外已很少见到，资源面临枯竭，濒临灭绝的风险高。例如，2008年随处可见的金线莲，如今已难寻踪影，仅有小面积分布；2012年墩头大小坑常绿阔叶林中分布数量较多的建兰，目前仅剩少量植株；原在虾公塘沿河两岸大量分布的树上附生的钩状石斛、重唇石斛，目前仅剩零星分布；2014年大拱桥沟谷树干上分布大量始兴石斛，目前仅少量分布；2018年坪坑徐老营有一定数量的寒兰居群，目前一苗难寻。

3.3.2.3 生产活动

随着城市的扩大和工农业的发展，土地的用途被改变，大片土地被开发利用，使未受干扰的自然生境面积急剧缩小和破碎化，使生物失去栖息地。栖息地破坏和片段化已成为兰科植物数量减少、分布区缩小和濒临灭绝的主要原因（图3.3）。由于对森林过度砍伐，林地内光照增强，湿度大幅下降，水土流失，兰科植物赖以生存的物质基础丧失，兰科植物大量消亡。如在黄牛石北坡，九连山自然保护区自20世纪70年代就得到有效的保护，一直保存着大面积的亚热带季风雨林，有近百种兰科植物；而在水汽条件更好的黄牛石南

图3.3 生境破坏导致栖息地的丧失对兰科植物的影响

1. 对斑唇卷瓣兰的影响 2. 对春兰的影响 3. 对广东石豆兰的影响 4. 对钩距虾脊兰的影响

图3.4　施除草剂对林区公路两侧兰科植物的影响

1. 林区公路两侧打除草剂后的状况　2. 施除草剂对香港绶草的影响　3. 施除草剂对鹅毛玉凤花的影响

坡，在2001年才建立保护区，在建立保护区前人们过度砍伐森林造成生境改变，目前仅调查到兰科植物29种，且种群数量远小于黄牛石北坡。另外，九连山降水丰富，暴雨多，其常绿阔叶林一旦被破坏，极容易发生水土侵蚀，如龙南县杨村镇有大面积水土侵蚀，也可能造成兰科植物栖息地丧失。还有人类活动造成的环境污染以及气候变化也造成了兰科植物物种的消失。

兰科植物中有很多相对喜光的种类，一般分布在道路或是山沟的两侧，如虾脊兰属、羊耳蒜属、阔蕊兰属、蜻蜓兰属等，林区公路的拓宽、硬化或是建护栏，都会破坏生长在路边的兰科植物的生境，同时也会导致很多兰科植物失去了赖以生存的空间，造成种群数量减少甚至灭绝。此外，公路管理部门在林区公路每年都会施用两次除草剂（春、夏各一次），导致生长在路边的兰科植物死亡或是生长不良，不能正常开花和完成传粉，如橙黄玉凤花、鹅毛玉凤花、狭穗阔蕊兰、东亚舌唇兰、多叶斑叶兰、斑叶兰、盘龙参、见血青等（图3.4）；在生产区域中，农户养殖的牛、羊在山坡上或林下活动，也会导致部分兰科植物受到危害，尤其是混生在草丛中的地生兰，其叶可能被误食，使生长受到影响。九连山的生产区域主要分布在海拔400～700m，该海拔段分布的美冠兰属、玉凤花属、斑叶兰属、绶草属等地生兰类可能受到危害；当地村民修整田埂、挖排水沟，破坏了喜生田边的苞舌兰、十字兰、竹叶兰和东亚舌唇兰等的生长环境，导致该种群数量减少，严重影响个体与种群的生存发展。

3.4 保护策略

野生兰科植物是生态系统的重要组成部分，也是人类生产、生活的重要物质基础和战略资源。一个物种就是一个基因库，如果保护不到位，潜在的基因价值在人类没有了解之前就伴随着物种灭绝而消失，人类将永远丧失这种宝贵的生物资源，这种损失是无法估量的。同时，一个物种灭绝，不仅该物种的遗传资源得不到利用，还可能引发其生存网络的连锁反应，导致一系列物种灭绝甚至生态系统的不稳定，发生生态灾害。因此，保护野生兰科植物意义重大。兰科植物保护是一项社会系统工程，需要全社会的广泛重视与支持。根据九连山兰科植物的资源现状，针对人为滥挖乱采、极端天气影响等威胁因素，对九连山兰科植物的保护工作提出如下保护策略。

3.4.1 加大执法和宣传力度，提高公民保护意识

随着经济社会的发展，人类活动增多，修路、修水电站、滥采滥挖等成为威胁兰科植物的重要因素。当前，公众对植物资源保护的重要性仍缺乏认识，特别是对丧失植物多样性的后果认识不足。因此，要加大宣传教育力度，让公众了解植物保护的意义，通过各种途径提高公众的保护意识，明确植物资源保护的最终目的是可持续发展和永续利用。同时要建立一支行之有效的执法队伍，明确领导部门的责任，落实实施步骤和措施，加大执法力度，做到有法必依。

3.4.2 健全兰花品种的登录制度，拒绝野生兰科植物参加各类评奖

目前，全国各种兰花博览会层出不穷，有国际性的、全国性的、地区性的、省级的，甚至县级的，并且凡是兰花博览会或兰花展，都要进行评奖。以往的评奖中，大奖或金奖都评给了那些自然变异并符合传统鉴赏标准的品种或是新、奇、特品种，这种评奖方式会导致山民或是兰花爱好者上山滥挖滥采野生兰花，去寻找那些变异品种，大大加速野生兰科植物资源的破坏。近年来有个好现象，就是兰花博览会或兰花展增加了对洋兰和人工杂交种的评奖，这是一大进步。除此之外，要健全兰花品种的国内登录制度，规定野生的“下山兰”或是没有经过登录的品种不得参加评奖。

3.4.3 恢复生态环境，进行就地保护

就地保护是保护生物多样性最重要、最经济、最有效的措施，是对野生兰科植物保护最有效的途径。野生兰科植物与生境的关系十分密切，大多数物种长期生活在固定的生态系统中，已经适应了环境本身。对兰科植物实施保护的最终目的是使其能持续生存并保持进化潜力，而这只有在以保护生境为基础的就地保护中才能得到实现。通过就地保护的方式，不仅能够保护物种，也能保护兰科植物赖以生存的生态环境，这对具有特化传粉系统的兰科植物尤为重要。因为一旦传粉昆虫的生存受到了严重的威胁，兰科植物失去了传粉媒介，正常的繁育结实就会受到影响，将导致其不能进行有性生殖。

九连山目前有两个自然保护区：一个是位于江西省龙南县的九连山国家级自然保护区，另一个是位于广东省连平县的黄牛石省级自然保护区。就目前的保护现状来看，存在经费投资不足，基础设施滞后，管理人才缺乏，以及人员素质不高、缺少培训和继续学习机会等问题。因此，加强已有自然保护区的建设，是做好就地保护的基础。九连山野生兰科植物的保护应以就

地全面保护为主，以保护区及周围区域为重点保护区域，确保兰科植物及其生境地不受人为干扰与破坏。生境的恢复可促进部分兰科植物的自然繁殖能力逐步恢复，使其生存状况得到改善。同时，生态环境改善，传粉昆虫的栖息地也得到改善，有利于兰科植物与传粉昆虫种群的维持。

3.4.4　进行迁地保护，开展“回归”研究

迁地保护就是将植物的居群或个体等从原来的生长环境移出，迁到另一个新的自然环境。这与就地保护有本质差别，已逐渐成为全球生物多样性保护行动计划的关键举措之一。如果说就地保护是生物多样性保护最为有效的一项措施，则迁地保护就是拯救可能灭绝的生物的最后机会。一般情况下，当物种的种群数量极低，或物种原有生存环境被自然或者人为因素破坏甚至不复存在时，迁地保护就成为保护物种的重要手段。进行迁地保护，更便于对生境遭受到严重破坏、生存受到威胁的濒危兰科植物种类进行规模化的管理和保护。在进行迁地保护的同时，还应引进人工快速繁殖技术，加快濒危兰科植物的繁殖，开展“回归”自然的研究，扩大野生居群及分布范围，缓解野生资源生存压力。

3.4.5　结合实际，确定保护次序

《世界自然保护联盟濒危物种红色名录》《中国物种红色名录》中记录的濒危等级只是反映了该物种在目前所面临濒危或灭绝的可能性，只能作为一定的参考依据，不足以说明该物种在九连山的保护优先次序，需结合当地的资源存有量、保护的急迫性、相关技术的可行性以及保护成本等确定优先保护种及保护次序。

3.4.6　加强管理与监测，建立信息系统

加强管理，动员当地群众参与到野生兰科资源保护的工作中，对偷挖偷采的行为能起到更有力的监督作用。目前，我国大部分地区已开展珍稀濒危兰科植物调查与研究工作，对部分种的种群动态进行了长期监测，准确、全面地收集各种兰科植物的资源信息，建立信息库，获得了大量的基础资料和科研成果。应进一步研究兰科植物多样性的信息网络及动态监测技术，以便对九连山兰科植物进行更有效的管理与保护。

第 2 篇

九连山兰科植物传粉生物学研究

4

兰科植物传粉生物学研究概述

传粉生物学主要研究与传粉有关的生物学特性及其规律。有花植物的传粉其实就是成熟的花粉借助媒介的作用从雄性结构传送到雌性结构表面的过程，有花植物的传粉过程可分为3个步骤：花粉从花药中释放、花粉通过媒介向柱头传送以及花粉到达柱头表面。根据不同的传粉媒介，有花植物的传粉机制可以分为两大类：生物传粉和非生物传粉。生物传粉包括脊椎动物传粉与昆虫传粉，其中蜂类传粉最为常见，而大头蚁类（Pheidole）、甲虫类（Coleoptera）、蝙蝠类（Chiroptera）以及鸟类（Aves）传粉则比较少见。通过蚂蚁传粉的植物有海如草（*Glaux maritima*）、肉质多荚草（*Polycarpon succulentum*）等，通过甲虫传粉的植物有接骨木属（*Sambucus*）和绣线菊属（*Spiraea*）等，通过蝙蝠传粉的植物有龙舌兰（*Agave americana*）、猴面包（*Adansonia digitata*）等，通过鸟类传粉的植物有鹤望兰（*Strelitzia reginae*）、倒挂金钟（*Fuchsia hybrida*）等。非生物传粉主要是水媒传粉和风媒传粉。风媒传粉以禾本科（Gramineae）和针叶植物为主，如水稻（*Oryza sativa*）、小麦（*Triticum aestivum*）等，水媒传粉的植物有驴蹄草（*Caltha palustris*）、金鱼藻（*Ceratophyllum demersum*）等。兰科植物形态多异，习性多样，花结构高度特化，是被子植物中进化程度最高的类群之一。兰科植物绝大多数是异花授粉，其花部结构也与昆虫传粉高度适应，并与传粉昆虫形成了相互依赖的密切关系。兰科植物传粉生物学在整个传粉生物学研究中占有重要而又独特的地位。

4.1　传粉生物学研究发展历程

对兰科植物与传粉昆虫相互关系的研究，最早始于18世纪末，Sprengel（1793）在对大量的有花植物进行传粉观察时，发现有些种类的兰花不为传粉者提供花蜜，推测兰科植物中存在欺骗性传粉系统。达尔文是系统地研究兰花传粉的第一人，他的著作《兰科植物的受精》，主要从形态解剖学、遗传学及生殖生态学等方面对欧洲地区的一些地生兰和热带附生兰适应于异花传粉的技巧进行了比较详细的介绍，并对昆虫与花结构之间的协同进化做了合理的解释，为自然选择理论和异花受精优势学说提供了强有力的证据，在当时引起学术界的高度重视，兰科植物传粉生物学研究由此进入了人们的视野。

一直以来，众多科学家并不相信兰科植物欺骗性传粉系统的存在，直到20世纪初，Pouyanne（1917）和Coleman（1927）相继发现地中海眉兰属（*Ophrys*）的许多种和澳大利亚的*Cryptostylis leptochila* 能释放出类似雌性昆虫性信息素的物质，吸引雄性昆虫个体访花并为其传粉。这就是兰科植物最负盛名和最为独特的传粉机制——拟交配行为。至此，欺骗性传粉的面目逐渐被揭开。

20世纪下半叶，广大专业研究人员和业余爱好者又相继发现了许多有趣而重要的现象。这些现象引发了植物学家对传粉生物学的研究热潮，越来越多的欺骗性传粉现象被报道。随后，Dressler（1981）和van der Cingel（1995）分别出版了有关兰科植物传粉及分化的专著，以理论和实例相结合的方式对欧洲、美洲、非洲、亚洲和澳洲兰科植物的传粉生物学研究进展进行了系统论述。Nunes等（2016）研究了 *Elleanthus* 的两种植物的传粉生物学，发现蜂鸟（Trochilidae）能为它们传粉；Arakaki等（2016）在研究 *Luisia teres*的传粉时，发现花朵分泌花蜜，能吸引棕花金龟（*Protaetia pryeri*）访花并完成传粉；Jersáková等（2016）对兰花的欺骗性传粉研究中，得出大多数兰科植物都是通过食源性欺骗和拟态来吸引昆虫的结论；Poinar（2016）研究了*Dominican amber*的传粉，发现无刺蜂（*Proplebeia dominicana*）是其唯一的有效传粉者。

Luo（2004）发现了舌喙兰（*Hemipilia flabellate*）利用食源性欺骗方式引诱芒康条蜂（*Anthophora mangkamensis*）为其传粉，而真正提供花蜜的是唇形科（Labiatae）的痢止蒿（*Ajuga forrestiiDiels*）。孙海芹（2005）通过对我国特有单种属兰科植物独花兰（*Changnienia amoena*）进行传粉机制研究，发现独花兰有2种访花者，分别是雌性三条熊蜂（*Bombus trifasciatus*）和仿熊蜂（*Bombus imitator*），但只有雌性三条熊蜂会带出花粉块，是独花兰的有效传粉者，并推测独花兰的传粉机制属于欺骗性传粉。刘仲健等（2004）通过对濒危物种紫纹兜兰(*Paphiopedilum purpuratum*)的调查和定点观察，发现短刺刺腿食蚜蝇（*Ischiodon scutellaris*）为紫纹兜兰的有效传粉者，探讨了紫纹兜兰的濒危机制，为原地保护和今后迁地保护以及人工繁育提供了基础资料。金效华等（2004）在对滇西槽舌兰（*Holcoglossum rupestre*）进行传粉生物学研究时，发现弯腿金龟（*Hybovalgus bioculatus*）是滇西槽舌兰的唯一有效传粉者，属于兰科植物中非常少见的甲虫传粉系统，而且这种传粉系统处于一种不稳定状态，同时存在着两种不同的传粉机制，并对滇西槽舌兰花部结构演化与传粉系统进化之间的关系做了详细阐述。刘可为等（2005）对杏黄兜兰（*Paphiopedilum armeniacum*）进行了连续3年的定点观察，发现杏黄兜兰通过模仿伴生植物黄花香（*Hypericum beanii*）实现食源性欺骗传粉，长尾管蚜蝇(*Eristalis tenax*)、莫芦蜂(*Ceratina morawitzi*)和领淡脉隧蜂(*Lasioglossum pronotale*)为其传粉者，且领淡脉隧蜂的访花行为会导致自花传粉。

Liu等(2006)发现大根槽舌兰(*Holcoglossum amesianum*)是自花传粉，这是自花传粉机制首次在兰科植物中被报道，很可能是由于恶劣的环境致其无法进行异花传粉，从而进化出自花传粉方式。史军等（2007）根据传粉综合特征先是预测了长瓣兜兰（*Paphiopedilum concolor*）的传粉者，通过观察研究，成功证明了长瓣兜兰的有效传粉者是食蚜蝇（*Episyrphus balteatus*）。程瑾等（2007）和庾晓红等（2008）分别对兔耳兰（*Cymbidium lancifolium*）和春兰（*Cymbidium goeringii*）的传粉机制进行了研究，为探讨兰属建兰亚属（Subgen. *Jensoa*）植物与传粉者之间的关系提供了理论依据。李鹏和罗毅波（2009）对四川省黄龙寺自然保护区内的杓兰属（*Cypripedium*）植物进行了传粉生物学研究，从群落水平上分析探讨了该属植物的传粉机制、适应进化、生殖隔离等问题。他分别研究了褐花杓兰（*Cypripedium smithii*）、西藏杓兰（*Cypripedium tibeticum*）的传粉生物学，并在此基础上研究了分布在该区域内的其他6种杓兰属植物。周育真（2013）通过研究台湾独蒜兰（*Pleione formosana*），发现中华绒木蜂（*Xylocopa chinensis*）和三条熊蜂是其传粉昆虫。台湾独蒜兰花朵不产生花蜜，唇瓣上散布红色、黄色或褐色的小斑点，与植物分泌出来的花蜜很相似，从而吸引昆虫访花进而为其传粉，这种传粉方式属于典型的食源性欺骗传粉。刘芬等（2013）对濒危植物扇脉杓兰（*Cypripedium japonicum*）的研究表明，扇脉杓兰必须通过某种传粉媒介对其进行传粉才能繁衍后代。

4.2 传粉机制

兰科是快速进化、与传粉者高度适应的一个科。兰科植物的花在结构上表现为高度精巧和多样，如雄蕊与雌蕊融合成蕊柱，花粉被包裹成花粉块，花瓣特化为各种形状的唇瓣以及子房在花发育过程中扭曲180°等。兰科植物的传粉机制主要有以下几种：有回报的昆虫传粉、欺骗性传粉、自花传粉和无融合生殖。

4.2.1　有回报的昆虫传粉

植物为吸引昆虫传粉，通常会为传粉昆虫提供相应的回报。花蜜是最常见的报酬。许多兰科植物能分泌花蜜作为传粉回报，但分泌花蜜的器官在不同属中呈现着位置和构造上的较大差别。双袋兰属（*Disperis*）的侧萼片与唇瓣都能分泌花蜜；蒂沙兰属（*Disa*）只有后萼片分泌花蜜；黄花石斛（*Dendrobium dixanthum*）的蜜腺位于蕊柱的基部；绿萼阔蕊兰（*Peristylus viridis*）的唇瓣分3处分泌花蜜；香果兰属（*Vanilla*）的花梗基部产生花蜜；红门兰属（*Orchis*）大多数种类花蜜的分泌不是在其蜜腺距内，而是在蜜腺距壁内、外层之间，昆虫以其吻穿入内壁吸取花蜜；兰属有些种类的苞片基部外侧或萼片基部外侧常可分泌花蜜。

4.2.2　欺骗性传粉

近1/3的兰科植物不能给传粉昆虫提供回报，依靠欺骗传粉者的方式进行传粉。这些兰科植物利用各种欺骗方式吸引传粉者，来达到昆虫为其传粉的目的。欺骗性传粉有以下几类。

4.2.2.1　泛化的食源性欺骗传粉

通常认为泛化的食源性欺骗传粉中，兰科植物不模拟食源植物，仅依赖自身的花部信号去吸引具有广泛觅食本能的传粉者，这类模仿是兰科植物欺骗性传粉中最常见的吸引机制。从习性来看，这些兰科植物通常在早春开花，因为在此季节活动的传粉者没有觅食经验，没有建立自己的觅食路线和访花稳定性，会广泛地觅食可能的食源植物，而在这个时期开花的兰科植物往往会获得更高的传粉概率。为了完成传粉，一些兰科植物的花颜色或形态呈现种内多态或者变异，如*Dactyorhiza sambucina*在一个种群内有黄色和紫色两种颜色的花，*Thelymitra epipactoides*花的颜色变化于蓝色、棕色、绿色之间。花的变异可以使每个传粉者在获知没有食物回报之前对植物进行更多的访问，因为花的变异可抑制或降低传粉者识别花欺骗性的能力，从而提高该类兰科植物在种群水平上的繁殖成功率。泛化的食源性欺骗传粉在兰科植物传粉系统中比较常见，对其研究也已相对成熟。

4.2.2.2　拟态传粉

物种间彼此相似不一定就是拟态，发生拟态现象要满足一定的条件，如同域分布、花期重叠、传粉者相同等。贝氏拟态、缪勒拟态是花拟态的两种基本类型。贝氏拟态中，模型植物能分泌花蜜而拟态植物不产生花蜜，其通过模拟模型植物而使得传粉者接近。在该系统中，拟态植物在群落中出现的频率不宜太高，否则受粉成功的概率会较低，毕竟它们不提供花蜜，长此下去，传粉者可能会感受到其欺骗性而不再去访花，甚至不再去访问模型植物。缪勒拟态中，能产生花蜜的植物在花颜色或形态上相似，形成看上去是一群的效果，从而均得到繁殖优势。在兰科植物中，常见的是贝氏拟态，其中以红门兰属和眉兰属为主，如*Orchis israelitica*、无蜜红门兰（*Orchis caspia*）、*Disa pulchra*等，还没有发现缪勒拟态的例子。有研究显示，传粉者之所以会被无花蜜、与有花蜜花相似的兰花所欺骗，是由于传粉者视觉光谱与兰花的反射光谱的范围相同。

4.2.2.3　性欺骗传粉

性欺骗传粉是兰科植物特有的现象，

是近期兰花传粉生物学研究最具吸引力的内容。性欺骗传粉是指兰科植物为吸引传粉者，利用花形态或香味模拟雌性昆虫的形态或性激素气味，吸引寻找配偶的雄性昆虫来访，使其在与唇瓣进行拟交配过程中实现传粉。Pouyanne（1917）最早发现眉兰属植物存在性欺骗传粉现象，但这并不被当时的生物学家接受。后来有学者在同属其他植物如*Ophrys speculum*以及其他兰花的传粉研究中，证实了确实存在性欺骗传粉。现有的研究显示，性欺骗传粉兰花的花香在吸引特殊传粉者时起关键作用，是同域物种生殖隔离的关键性状，在性欺骗兰花类群的进化过程中起重要作用。

4.2.2.4 繁殖地欺骗传粉

采用繁殖地欺骗传粉策略的兰花都发现在国外，国内尚未有相关报道。这类兰花利用昆虫的产卵行为，通过模拟其繁殖地，来欺骗寻找产卵地的昆虫访花，以达到传粉目的。繁殖地欺骗是一种较为复杂的欺骗方式，采用这类传粉机制的兰科植物的花色较暗，具有腐败气味，其花上常有类似腐肉、粪便和真菌子实体的引诱物，而且花朵往往具有一个陷阱状的通道。譬如兜兰属、翅柱兰属、石豆兰属、*Bulbophyllum*、*Anguloa*、*Megaclinium*、*Masdevallia*和*Pleurothalis*等属都采用这类传粉机制。还有的兰科植物模仿真菌的特征，最具代表性的是澳大利亚的*Corybas*，它的花形态与某些大型菌类的菌伞相似，能够欺骗喜爱在真菌上产卵的小型昆虫为其传粉。与这类植物相类似的还有南美的*Dracula*，它的唇瓣具有真菌状的形态，并且还发出真菌或者鱼的气味。

4.2.2.5 庇护所模拟传粉

有些植物的花可以为昆虫提供休息、阴雨天气躲避的场所。在兰科植物中，Dafni和Bernhardt（1989）发现地中海的*Serapias*其深暗红色的花像是蜂巢入口，考虑到蜜蜂可能从花中获得了真正的庇护，因而将这种传粉机制列入“欺骗”系统引发了争论。

4.2.3 自花传粉

两性花的花粉落到同一朵花的雌蕊柱头上的过程称为自花传粉，也称为自交。自花传粉在兰科植物中较少见。Liu等（2006）发现大根槽舌兰是自花传粉，它附生在高海拔山林树干上，可以不借助外部传粉媒介，通过雄蕊的花丝主动旋转360°将花粉插入自身的柱头腔中，从而完成自花授粉。这种自花传粉机制是首次在兰科植物中报道，很可能是由于恶劣的环境致其无法进行异花传粉，从而进化出自花传粉方式。

4.2.4 无融合生殖

无融合生殖（apomixes）一般是指不经配子融合而形成种子的无性生殖方式，其特点是产生的后代具母本的基因型。寸宇智（2005）在进行缘毛鸟足兰（*Satyrium ciliatum*）的生殖生态学研究时，通过交配系统试验发现，共存于同一居群中的短距雌性类型和两性类型都存在无融合生殖现象，这是第一次报道在兰科植物中存在同一无融合生殖种中两性类型和雄性不育类型共存于同一居群的现象。Sun（1997）对3种兰花的生殖生物学研究，证明了线柱兰（*Zeuxine strateumatica*）是采用无融合生殖。Bullini等（2001）在研究*Dactylorhiza insularis*的生殖系统时，发现存在无融合生殖现象。Sorensen等（2009）发现*Corunastylis apostasioides*结实率高，不存在昆虫传粉和自花授粉机制，属于无融合生殖。

4.3 传粉生物学研究技术路线

兰科植物传粉生物学研究的技术路线如图4.1所示。

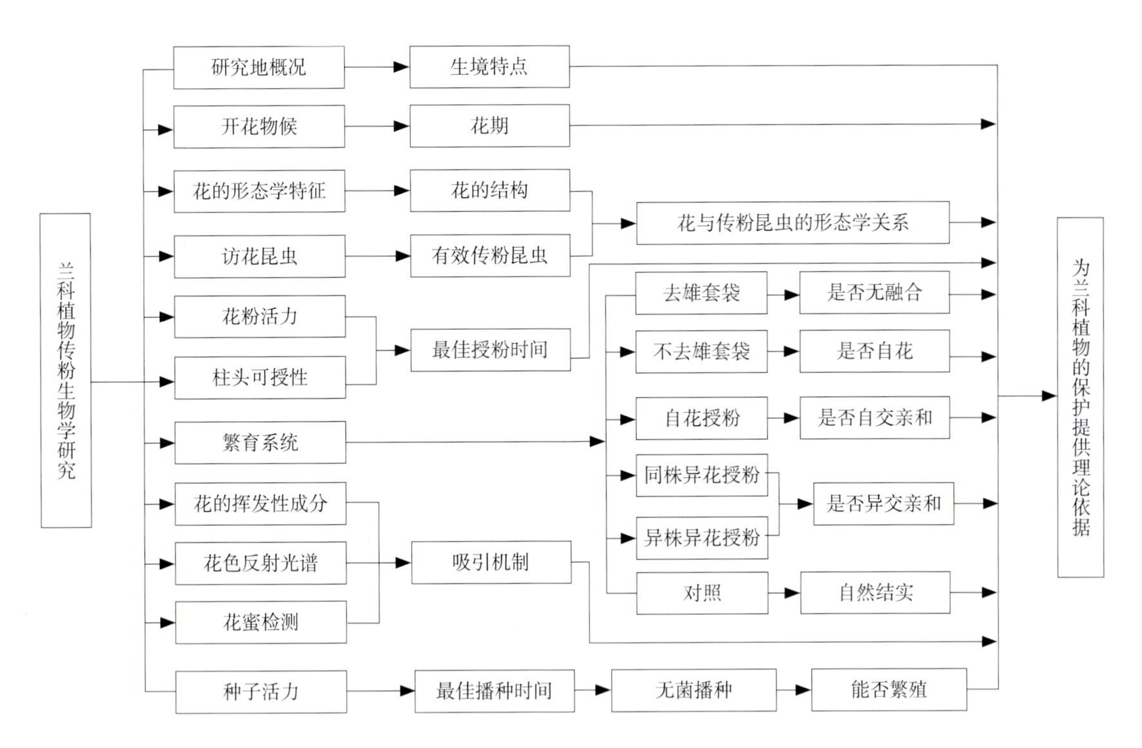

图4.1　兰科植物传粉生物学研究的技术路线

4.4　野外传粉实验用具及试剂

4.4.1　测量工具

照度计、湿度计、温度计等，主要用于气候因子的测量；卫星定位仪，主要用于居群及植物个体位置的测量；游标卡尺、卷尺等，用于花及传粉昆虫各部的长度、宽度、距等的测量；手持测糖仪、毛细吸管，主要用于花蜜体积和糖浓度的测量。

4.4.2　繁育系统检测用具

不同规格的传粉袋、解剖针、剪刀、镊子、刀片等，用于花的解剖、授粉以及繁育系统的检测。

4.4.3　访花及传粉昆虫采集用具

捕虫网、毒瓶、标本盒、硫酸纸、大头针、离心管，用于捕获和保存访花昆虫和传粉昆虫。

4.4.4　植物标本采集用具

标本夹、园艺剪、硅胶、FAA固定液、手套（棉制或者橡胶手套）、封口膜、冰袋、锡箔纸、广口瓶等。

4.4.5　记录及标记用品

摄像机、相机、备用电池与三脚架，以及笔记本电脑、移动硬盘、挂牌、标签、记号笔、铅笔、书写纸、文件夹、不同颜色的丝线等，用于拍摄花的结构和传粉昆虫的形态，记录访花昆虫的种类与有效传粉昆虫。

4.4.6　传粉昆虫访花行为检测用品

飞行笼+黑白瓶、无味涂料、无味橡皮泥、彩纸、铁丝、钳子、绳子、双面胶、胶带、橡皮筋等。

4.4.7 挥发性气味采集用品

气味检测仪外置采集泵、活性炭吸附管、CS2溶剂解析型活性炭采样管、硅胶管、玻璃Y型连接管、微量进样器、透明玻璃微量融合进样瓶、PVC管、聚氟乙烯采集袋2L（微波炉加热袋代替）、玻璃转子流量计、调气阀等。

4.4.8 化学试剂

酒精（分析纯）、正己烷（色谱纯）、二氯甲烷（色谱纯）及花中各种挥发性成分的化学试剂等。

4.5 传粉生物学实验方法与步骤

4.5.1 研究地调查

对实验材料所处的地理位置（经纬度、海拔、坡向）及自然环境条件进行详细调查记录。以被测居群最中心的植株为中心，30m为半径作样圆，对研究地的伴生植物和同期开花植物进行调查、鉴定与统计（调查植物分常绿乔木、落叶乔木、常绿灌木、落叶灌木、藤本、草本和蕨类植物等），对同期开花植物进行拍照记录并与被研究植物的花进行分析对比。

4.5.2 开花物候观察

观察并记录植物的单花花期、单株花期以及居群群体花期。随机选取并标记发育良好的30个花苞，以植株上单一花朵打开至凋谢的天数来统计单花花期，记录并计算其平均值和标准差；随机选取并标记长势良好的30株植株，以植株上第一朵花花蕾打开至最后一朵花凋谢的天数来统计单株花期，记录并计算其平均值和标准差；居群群体花期统计方法是从被观测居群的第一朵花开放至最后一朵花凋谢的总天数。花开放的判定标准为花被张开，昆虫能够进入花内；花凋谢的标准为花瓣向内闭合，花被开始萎蔫，昆虫不能进入花内。观察单朵花花蕾期、盛花期和凋谢期的持续时间及在此过程中的颜色、形态变化；观察授粉后花朵的颜色、形态变化；观察昆虫传粉后所形成的蒴果在成熟过程中大小、形态、颜色的变化，检查盛花期的花朵有无花蜜或脂类物质分泌。

4.5.3 单花花蜜体积和糖浓度测量

随机选择30株植株，于花蕾期进行套袋，待花朵盛开时，在白天和夜间（具体时间根据传粉昆虫活动规律而定，两者相差12h）于每个花序中随机选取1朵花进行测量，共测量30朵花。测量前先称量离心管和毛细吸管的初重并将其密封备用。测量时用5μL毛细吸管将花蜜吸入到离心管中，密封并带回实验室再次称量离心管和毛细吸管重量，并用手持糖度计（陆恒LH-T10，0～50%，杭州）直接测定其含糖量，根据重量之差计算单花花蜜体积，最后对单花花蜜体积及花蜜糖浓度进行数据分析。

4.5.4 HPLC-ELSD法测定花蜜中的可溶性糖成分及含量

4.5.4.1 主要仪器与试剂

主要仪器与试剂见表4.1与表4.2所列。

4.5.4.2 色谱条件和ELSD参数

色谱柱为XBridge Amide（4.6mm×250mm，5μm）。流动相为乙腈（A相）和水+0.02%三乙胺（B相）。流动相梯度洗脱程序：0～12min，80%A；12～14min，79%A；14～24min，70%A；24～25min，69%A；25～30min，80%A。流速1.0mL/min；柱温40℃，进样量10μL。ELSD参数：雾化管温度为36℃，增益值为100，漂移管温度为80℃，氮气压力为50psi。

表4.1　主要仪器

仪器	型号	生产厂家
高效液相色谱仪	e2695	Waters
蒸发光散射检测器	2424	Waters
电子天平	BSA224S	赛多利斯科学仪器有限公司
数控超声波清洗器	EQ3200 DE	昆山超声仪器科技公司
超纯水机	Master-S Plus UF	上海和泰仪器有限公司

表4.2　主要试剂

试剂	生产厂家	纯度	试剂	生产厂家	纯度
D- 果糖	Amresco	99.00%	D- 麦芽糖	Sigma	99.00%
D- 无水葡萄糖	Amresco	99.80%	乙腈	阿拉丁	色谱纯
蔗糖	Amresco	99.90%	三乙胺	阿拉丁	色谱纯

4.5.4.3　标准溶液的配制

4种糖标准储备液：分别准确称取D-果糖、D-无水葡萄糖、蔗糖、麦芽糖标准品各0.050g（精确至0.0001g），用水溶解，定容至25mL，过0.45μm滤膜，于 4 ℃冰箱中保存。

4种糖混合标准工作液：分别吸取上述4种糖标准储备液2.5mL于同一10mL容量瓶中，加水定容至刻度线，得2000μg/mL 4种糖混合标准溶液，然后分别用水稀释成200μg/mL、600μg/mL、1000μg/mL、1500μg/mL、2000μg/mL标准工作液，用0.45μm滤膜过滤，于−80℃冰箱中保存，待测。

4.5.4.4　样品制备

准确称取0.10g花蜜，溶于5mL纯水中，定容至10mL，用0.45μm的滤膜将样品溶液过滤至样品瓶中待测。

4.5.5　花蜜中的糖类、花颜色和气味的模拟试验

分别用白色、黄色、粉色、橙色与绿色彩纸制成假花，绿色为对照色。

单种糖（蔗糖、葡萄糖、果糖）和其混合溶液（蔗糖：葡萄糖：果糖 = 1：1：1）作为实验组，水为对照，将上述4种试剂分别涂抹在无味的橡皮泥假花上。

单一试剂（从花中分离出来的挥发性成分）和3种试剂混合溶液（*N*, *N*-二甲基甲酰胺：1-辛烯-3-醇：3-辛醇 = 1：2：4）作为实验组，水为对照，将上述4种试剂分别滴在橡皮泥假花上。

将以上各种处理的假花插入实验植株丛中，其高度与实验植株花序一致，进行录像，统计传粉昆虫的访花次数。

4.5.6　花各部组成形态学测量

随机选择完全开放花，用游标卡尺测量其花序、花柄、距、花冠筒和合蕊柱的长度，以及萼片、花瓣、唇瓣、花朵开口和果实的长宽等。共测量40朵花，计算其平均值和标准差（精确至0.01mm）。

4.5.7　花粉活力与柱头可授性检测

选择花期一致的花朵，以刚盛开花朵上的花粉块和柱头为材料，在花期内采用TTC法每天对其进行花粉活力检测。具体方法是：将花粉撒在载玻片上，滴加0.5%

TTC溶液，迅速盖上盖玻片，置入内有湿滤纸的平皿中，连同平皿放置在37℃黑暗条件下24h，在显微镜下统计5个视野内被染成红色的花粉所占的比例。采用联苯胺–过氧化氢法检测柱头的可授性，如果被测柱头周围反应液有大量的气泡出现，则表示柱头具有可授性。通过比较气泡量的多少和大小来衡量其可授性的强弱，气泡越多表示可授性越强。每次选择5个柱头进行实验，计算气泡的平均数。

4.5.8 繁育系统实验

共分7组，每组30朵花，开花前套尼龙网袋，阻止昆虫进入花内，当花朵盛开后取下袋，按照以下方式进行处理后将袋复原。

（1）不做任何处理，检测是否存在自花授粉或无融合生殖。

（2）开花前去雄，检测是否存在无融合生殖。

（3）人工自花授粉，检测自交是否亲和。

（4）人工同株异花授粉，检测同株异花授粉是否亲和。

（5）人工异株异花授粉，检测异株异花授粉是否亲和。

（6）开花前去合蕊柱，进一步检测是否存在无融合生殖。

（7）自然对照，检测自然结实率。

待花期结束检测和统计各处理的结实情况，计算结实率。

4.5.9 访花昆虫观察、鉴定、形态特征测量

用录像机和照相机记录访花昆虫及其行为，包括访花前行为、停落方式、访花过程、带走花粉块及未带走花粉块在花上的停留时间、居群停留时间、访花数目等。抓拍和捕捉所有访花昆虫，制成标本，带回实验室进行昆虫鉴定和雌雄区分，对有效访花昆虫进行形态学特征测量，包括头部、胸部、腹部的长宽和口器的长度，计算其平均值和标准差（精确至0.01mm）。

4.5.10 同期开花植物及传粉昆虫携带花粉的电镜扫描

分别取干燥的同期开花的植物花粉以及传粉昆虫头部、腹部、附肢上携带的花粉，经离子溅射喷金处理，在扫描电镜（JSM-6701F，日本）25kV条件下，选取具有代表性的视野对外壁纹饰观察、拍照并记录比较。

4.5.11 花的挥发性成分检测

4.5.11.1 静态顶空法

采集新鲜的花朵于顶空瓶中，密封。采用Agilent 6890GC气象色谱-质谱联用仪检测花的挥发性成分。色谱条件：DB-35 ms毛细管柱（30m × 0.25μm × 0.25μm）。载气：氦气。模式：不分流。流量：15mL/min。升温程序：从80℃开始，保温2min；以5℃/min升温到160℃，保温1min；再以10℃/min升温到280℃，保温2min。质谱条件：电离方式为EI源，电离能量70eV；离子源温度230℃；传输线温度280℃；全扫描模式，扫描范围50～550amu。通过GC-MS分析和NIST02.L质谱经计算机谱库检索，选择较高匹配度的检索结果，确认检测物成分，对样品进行定性分析。

4.5.11.2 动态顶空法

将完整的花序小心地封装在聚酯烘箱袋中（Toppits, 德国），调节气泵的流速（单边）至1L/min，持续约5h。通过活性炭过滤器（Supelco, Orbo 32 large）清除流入的空气流中的大气污染物，将挥发物富集在含有薄层活性炭的吸附管中。用100μL进样针打入50μL二氯甲烷（Sigma-Aldrich,

HPLC级）洗脱吸附管中捕获的挥发物（注意不要触碰吸附层），将吸附后的二氯甲烷保存于微量一体进样瓶。每次取样后，将吸附管用无水乙醇、二氯甲烷和正己烷各清洗3次，晾干后用锡箔纸包好备用。

本研究对挥发物采用GC-MS法分析，所用仪器为Agilent GC7890B-MS7000C气相色谱–质谱联用仪（Agilent, 美国）。色谱条件：HP-5MS（30m × 250μm × 0.25μm）石英毛细管柱；初始40℃保持2min，然后以12℃/min升温到300℃保持0min；高纯氦气载气，分流5∶1。质谱条件：离子源温度230℃；四级杆温度150℃；电离方式为EI源，电离能量70eV；接口温度250℃；全扫描模式，扫描范围为50～550amu。通过NIST02.L质谱经计算机谱库检索，选择较高匹配度的检索结果，对样品进行定性分析，确认所取样本的气体成分。

4.5.12　飞行笼实验

飞行笼大小为7m × 3.5m × 2.2m，覆盖网孔（密度为1.0mm），底部埋于土壤深处，放置于研究对象自然居群附近环境中（图4.2）。

在飞行笼中，放置图4.3所示的3种玻璃罐：黑色有孔玻璃罐，用来探究气味对昆虫的吸引；透明密闭玻璃罐，用来探究颜色对昆虫的吸引；透明有孔玻璃罐，用来探究颜色+气味对昆虫的吸引。可设置下面6种组合，如图4.4所示。

（1）颜色对照空瓶：2个透明密闭玻璃罐，一个放入花序，另一个不放花序。

（2）气味对照空瓶：2个黑色有孔玻璃罐，一个放入花序，另一个不放花序。

（3）颜色对照气味：一个黑色有孔玻璃罐，一个透明密闭玻璃罐，均放花序。

（4）颜色+气味对照空瓶：2个透明有孔玻璃罐，一个放入花序，另一个不放花序。

（5）颜色+气味对照气味：一个黑色有孔玻璃罐，一个透明有孔玻璃罐，均放花序。

（6）颜色+气味对照颜色：一个透明有孔玻璃罐，一个透明无孔玻璃罐，均放花序。

在黑白瓶中也可以根据实验的需要，放置研究对象的花、不同颜色的纸花、花蜜中的各种糖类及其组合以及化学试剂（从花中分离出来的挥发性成分），以空白为对照组，探究糖类、花的颜色和气味及不同挥发性成分对昆虫的吸引作用。30min为一次，重复4次，每次在飞行笼中放入有效传粉昆虫50～100只，用摄像机记录昆虫对3种罐的访问频率。

4.5.13　昆虫触角电位

使用气相色谱–触角电位联用仪（GC-

图4.2　飞行笼

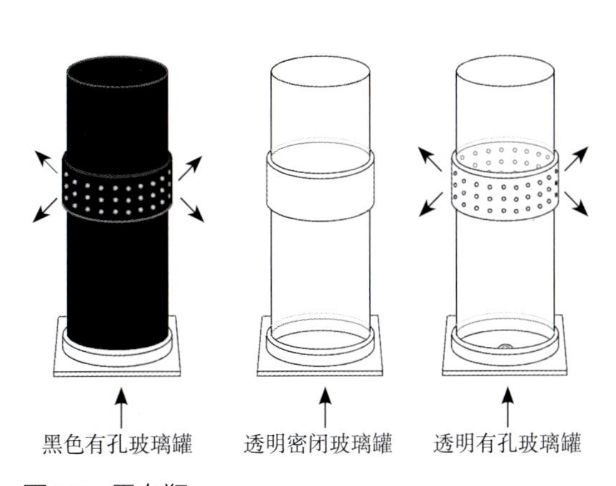

图4.3　黑白瓶

图4.4 黑白瓶实验

1. 颜色对照空瓶 2. 气味对照空瓶 3. 颜色对照气味 4. 颜色+气味对照空瓶 5. 颜色+气味对照气味 6. 颜色+气味对照颜色

EAD），初步鉴定出检测物质中的活性成分，然后利用EAD、Y型嗅觉仪进行验证，并与GC-MS数据进行比对，确定FID峰所代表的化学物质。

4.5.14 昆虫视觉的颜色空间模型

基于花和彩纸的光谱反射，确定昆虫视觉的颜色空间模型中颜色刺激的位点。将蜂类的视觉分辨力用欧几里得距离$D=\sqrt{(x_1-x_2)^2+(y_1-y_2)^2}$来表示颜色距离（color distance）。通常与蜜蜂的感觉系统并没有本质上的不同，因此使用蜜蜂的光谱敏感性函数代表。此外，采用标准光源D65辐射光谱。

4.5.15 胚囊及胚的发育观察

将固定的子房抽气30min→室温下用1mol/L HCl处理30min → 5.8mol/L HCl处理120min → 1mol/L HCl处理60min →蒸馏水洗3次→ Schiff试剂室温避光染色3h →乙醇逐级脱水，每级20min →水杨酸甲酯(冬青油)和无水乙醇各1/2的混合液中过夜→置换到100%水杨酸甲酯中透明12～48h →实体镜下剥离胚珠→压片→采用莱卡SPE型激光扫描共聚焦对其进行断层扫描，厚度0.3μm，分辨率1024 × 1024，100 × 油镜获得清晰图像。

4.5.16 染色体核型分析及流式细胞仪检测

取新生的根尖以及无菌播种后代幼嫩的根尖，用蒸馏水洗净后放入饱和的对二氯苯溶液中4℃处理3～5h，用蒸馏水清洗3～5次后放入固定液（95%乙醇：冰乙酸=3：1）中4℃固定4～20h。将固定好的材料清洗数次后用1mol/L HCl 60℃解离5～8min（兰科植物根较大，可用刀片将根尖纵切成2份后再解离），用蒸馏水把预热的材料反复清洗后放在载玻片上，用改良的苯酚溶液染色，在显微镜下观察并拍照。

选取分散较好的细胞进行统计，并测定其总长度、长臂及短臂，用Photoshop软件对同源染色体进行配对，并将配对的染色体排列成完整的染色体组型图。染色体相对长度、臂比（分类参照表4.3）、染色体相对长度系数（分类参照表4.4）、核型不对称系数（分类参照表4.5）等计算公式如下：

$$染色体相对长度=\frac{染色体长度}{染色体组内所有染色体总长度}\times 100\%$$

$$臂比=\frac{长臂长度}{短臂长度}$$

$$染色体相对长度系数（IRL）=\frac{单个染色体长度}{染色体组所有染色体平均长度}$$

$$核型不对称系数=\frac{全染色体长臂总和}{全组染色体总长}\times 100\%$$

参照Jaroslav Dolezel流式细胞仪检测方法，以无菌培养的子代为材料，已知二倍体母本为对照，在培养皿中加入1mL Partec HR-A液，将叶片切碎，再加入2mL Partec HR-A液，用30μm的Partec Cell Trics过滤样品到样品管内，在4℃、1300r/min下离心15min并去掉上清液，加入400μL 50μg/mL的PI染色液，终浓度50μg/mL MaseA混匀，4℃暗处理30min后上机检测，在流式细胞仪上得到各峰值相对倍型。

4.5.17　花粉管萌发的观察

分别取异花授粉后4h、8h、12h、24h、48h、72h、96h、120h的花柱和子房，放入FAA固定液中进行固定，8.0mol/L NaOH→60℃下透明处理2h→蒸馏水清洗3次→0.5%水溶性苯胺蓝（0.5mol/L苯胺＋1mol/L磷酸钾）溶液中遮光染色2h→在尼康荧光显微镜下观测、记录、拍照。

4.5.18　胚的发育观察

待果实成熟后，收集果实。将不同授粉方式所结果实里的种子制作水装片（n=15），采用Jersáková等（2006）的方法，使用光学显微镜（Olympus BX51，日本）检查不同授粉方式的种子胚的发育，将种子分为大胚、小胚、流产胚（塌陷、发育不完全）和无胚4类。每次随机选取3个视野，统计每个视野内的种子数目和胚的发育情况，计算其近交衰退指数（inbreeding depression index，δ）。一般将自花授粉和异株异花授粉中大胚种子认为是发育良好的种子。

$$近交衰退指数（\delta）=1-（\frac{自花授粉中种子发育良好的比例}{异株异花授粉中种子发育良好的比例}）$$

4.5.19　种子活力检测

在授粉后不同时间段分别采集自然结实、自花授粉结实、同株异花授粉结实和异株异花授粉结实的果实，采用TTC法进行种子活力测定。将采集的种子用无菌水清洗2次，在30℃黑暗条件下，用0.5%的TTC溶液浸泡种子24h，用体视显微镜观察染色情况。每次随机选取3个视野，分别统计每个视野内的种子数和被染色数，计算种子活力。

4.5.20　种子无菌播种

采集自然结实成熟未开裂的蒴果，带回实验室后，用酒精浸种30s，再用升汞消毒10min，最后用无菌水清洗3～5次。选用植物生长调节剂种类和浓度配比不同的培养基，将种子播在培养基上后，观察记录其萌芽情况，统计萌发率，每月对其生长动态情况进行拍照记录，持续6个月并筛选出最佳播种培养基。

4.5.21　繁殖成功因素分析

4.5.21.1　植株特征对繁殖成功的影响

统计所有植株的株高、花序高与花朵

表4.3　Leven分类系统

臂比值	着丝点位置	简写
1.00	正中部着丝点	M
1.01～1.70	中部着丝点区	m
1.71～3.00	近中部着丝点区	sm
3.01～7.00	近端部着丝点区	st
7.01 以上	端部着丝点区	t
+∞	端部着丝点	T

表4.4　Kuo的*IRL*分类

IRL 值	类别	简写
≥ 1.26	长染色体	L
1.01 ≤ *IRL* ≤ 1.25	中长染色体	M_2
0.76 ≤ *IRL* ≤ 1.00	中短染色体	M_1
0.67 ≤ *IRL* ≤ 0.76	短染色体	S

表4.5　Stebbins的核型分类

最长 / 最短	臂比大于 2 ： 1 的染色体的百分比			
	0.00	0.01～0.50	0.51～0.99	1
<2 ： 1	1A	2A	3A	4A
2 ： 1～4 ： 1	1B	2B	3B	4B
>4 ： 1	1C	2C	3C	4C

数。花期结束后，统计结实数量，计算植株结实率和植株花粉移出率。

$$植株结实率=\frac{植株结实数}{开花数}\times 100\%$$

$$植株花粉移出率=\frac{植株花粉移出数}{开花数}\times 100\%$$

4.5.21.2　居群结构对繁殖成功的影响

选取20个居群，居群之间的距离从几米到几千米不等。统计每个居群的居群大小、总花朵数、开花植株密度，测量每个居群与其最近3个居群的距离之和。花期结束后，统计结实数，计算居群结实率。对于每个居群，居群大小以开花植株数确定。

$$居群结实率=\frac{居群结实总数}{开花总数}\times 100\%$$

4.5.21.3　环境因子对繁殖成功的影响

用卫星定位仪（HOLUX M-241，中国）对20个居群的海拔进行测量，在同一时间，用温湿度计（Benetech GM1360，中国深圳）和数字光照计（TASI TA8120，中国）测量当天最高温度、湿度及光照强度，统计并分析其与结实率和花粉移出率的关系。

5

几种兰科植物传粉生物学研究结果

在对九连山兰科植物进行全面调查的基础上，对泽泻虾脊兰、多叶斑叶兰、白肋翻唇兰和橙黄玉凤花等进行了传粉生物学研究，研究结果如下。

5.1 泽泻虾脊兰

5.1.1 研究地概况

实验地是九连山的一条狭长山沟（24°37′N、114°32′E），海拔高度为580m，生境为常绿阔叶林下山谷溪流二侧的坡地上，湿度大，光线弱（图5.1），主要伴生植物有猴欢喜（*Sloanea sinensis*），大叶新木姜（*Neolitsea levinei*），楼梯草（*Elatostema involucratum*），狗脊（*Woodwardia japonica*），贯众（*Cyrtomium fortunei*）和华南桂（*Cinnamomum austrosinense*）等，同期开花的植物主要有见血青（*Liparis nervosa*）。

5.1.2 花形态及开花物候

泽泻虾脊兰的花朵数/花序、花序长、花瓣长和宽、中萼片长和宽、侧萼片长和宽、唇瓣长和宽、药帽长和宽、距长等形态指标的统计分析结果见表5.1所列。

研究地单花平均花期为8.7d ± 1.5d（n=40），单株平均花期为16d ± 2.0d（n=40），居群平均花期为53d ± 3.0d（n=40）。花均为白色而带浅紫堇色，唇瓣深2裂，中裂片基部具有一个黄色胼胝体；距圆筒形，纤细，与子房近平行，无香味，没有观察到花蜜、油脂类物质的存在（图5.2）。

花授粉或去雄后花期明显缩短。当柱头

图5.1 泽泻虾脊兰的生境与植株

1. 生境 2. 植株

表5.1 泽泻虾脊兰花形态学特征

项目	样本数 n	平均值 (cm)	标准差 SD	项目	样本数 n	平均值 (cm)	标准差 SD
花朵数 / 花序	20	14.9	3.2	侧萼片长	20	0.947	0.025
花序长	20	35.705	5.397	侧萼片宽	20	0.468	0.023
中裂片长	20	1.444	0.101	药帽高	20	0.151	0.007
中裂片宽	20	1.013	0.024	药帽宽	20	0.132	0.007
中萼片长	20	0.850	0.021	距长	20	0.819	0.022
中萼片宽	20	0.447	0.021				

接受花粉后，唇瓣由白色逐渐变为浅黄色，花瓣和花萼迅速向内闭合，唇瓣慢慢上翘，直至完全挡住胼胝体及合蕊柱；花瓣和萼片颜色逐渐变黯淡，直至萎蔫；子房随之慢慢膨大，并向下弯曲（图5.3）。开花期间，气温维持在21～26℃，当气温升高时，开花量明显增多。

5.1.3　花粉块、合蕊柱及药帽形态结构和位置关系

泽泻虾脊兰成熟花粉团呈白色，蜡质坚硬，共8个，每4个成一组，每组两长两短，具短的花粉团柄，两个花粉团柄共同着生于黏盘上；柱头位于药床左、右两侧，凹入呈穴状，表面具黏液。药帽白色，位于合蕊柱顶端，在前端收狭，先端截形。经扫描电镜观察，泽泻虾脊兰花粉块表面平整，花粉排列紧密，花粉粒间无明显黏结物，外壁具大量穿孔状纹饰；药帽表面均密布大量沟渠状突起和纹饰，在药帽前端存在气孔；胼胝体靠近距入口处有大量细长的茸毛；合蕊柱顶部存在少许表皮毛，不存在气孔（图5.4）。

图5.2　泽泻虾脊兰花形态

ac. 药帽　sc. 柱头腔　l. 唇瓣　v. 黏盘　se. 距口　pa. 胼胝体

图5.3　授粉48h后花瓣闭合的泽泻虾脊兰

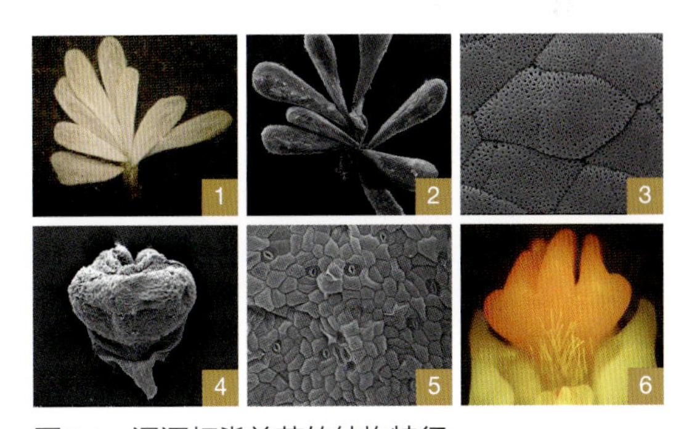

图5.4　泽泻虾脊兰花的结构特征

1. 体视显微镜下花粉块　2. 扫描电镜下花粉块　3. 扫描电镜下花粉块表面结构　4. 扫描电镜下药帽整体观　5. 药帽前端气孔　6. 体视显微镜下胼胝体上灰白色茸毛

5.1.4　开花生物学特性

5.1.4.1　花粉块组织化学

花粉的化学成分与传粉方式、传粉者取食行为及植物的系统发育有密切关系。被子植物的花粉的化学成分可划分为脂类和淀粉质两大类。

在NIKON YS 100显微镜下观察，花粉块样品经过I_2-KI处理后颜色不发生任何变化，即不会显现黑色或者蓝色，说明不存在淀粉；经过苏丹Ⅲ染液处理后变为红色，说明花粉有脂质存在。因此，泽泻虾脊兰的花粉块为非淀粉型。

5.1.4.2　单花花粉量、胚珠数及种子数

根据Cruden(1977)的标准，估算花粉胚珠比（P/O），并对繁育系统进行划分：当P/O为1062～195525时，繁育系统属专性异花授粉类型；当P/O为160.7～2588.6时，繁育系统属兼性异花授粉类型；当P/O为31.9～396.9时，繁育系统属兼性自花授粉

类型；当P/O为18.1～39.0时，繁育系统属专性自花授粉类型；当P/O为2.7～6.7时，其繁育系统属闭花授粉类型。亦即，P/O值的降低意味着近交程度的升高，P/O值的升高伴随着远交程度的上升。

本次实验中，共测量了10朵花，单花花粉量、胚珠数、花粉胚珠比分别为1027289.7 ± 11411.1、36540.5 ± 7043.5和28.53 ± 2.73（表5.2）。测量了10个蒴果，计算得出每个果实的种子数平均值为34846.5 ± 5595.5（n=10），胚珠种子比为1.048。故泽泻虾脊兰的繁育系统属专性自花授粉类型。

5.1.4.3 花挥发性成分

通过GC-MS分析以及NIST02.L质谱谱库计算机检索，选择较高匹配度的检索结果，得出的化合物主要为二氧化碳，而不存在其他挥发性成分。因此，推测泽泻虾脊兰在常温下挥发性气味极少（图5.5）。

5.1.5 花粉活力与柱头可授性

花粉是被子植物的雄配子体，在有性生殖过程中起着传递雄性亲本遗传信息的作用。花粉的活力是指花粉具有存活、生长、萌发或发育的能力。柱头具有可授性是花朵成熟的一个重要指标，它在很大程度上影响开花后不同阶段的传粉成功率。不同植物的柱头可授性所持续的时间从几个小时到十几天不等。对花粉活力和柱头可授性的研究有助于更深入地了解植物繁殖的生物学特性，是传粉生物学研究的重要内容。

5.1.5.1 花粉活力

泽泻虾脊兰的花粉团是由许多紧密排列的花粉四分体组成的。采用过氧化物酶法分别对花蕾期、初花期、盛花期及凋谢期4个不同时期的花粉进行活力测定，发

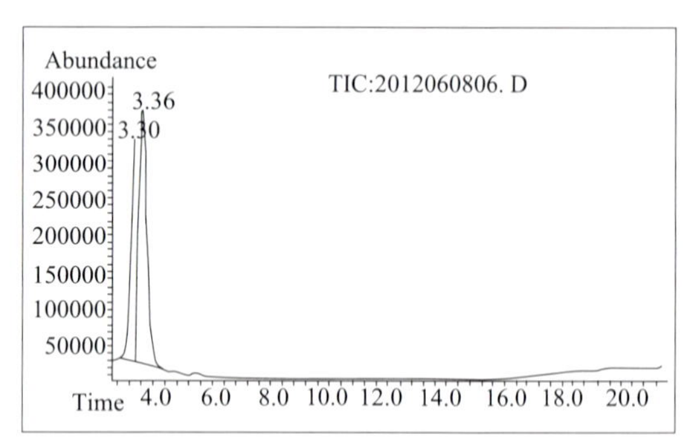

图5.5 泽泻虾脊兰挥发性成分的静态顶空-GC/MS总离子流图

表5.2 泽泻虾脊兰花粉胚珠比（P/O）统计

花朵序号	单花花粉量	胚珠数	花粉胚珠比 (P/O)
1	1125456	39478	28.51
2	1023430	41322	24.76
3	914365	28442	32.15
4	975432	33784	28.87
5	1214258	50785	23.91
6	1007247	37956	26.53
7	956432	30457	31.40
8	988246	32676	30.24
9	875671	28863	30.34
10	1192360	41642	28.63
平均值	1027289.7 ± 11411.1	36540.5 ± 7043.5	28.53 ± 2.73

现泽泻虾脊兰的花粉在花蕾期就有活力，此期有活力花粉比例为79%，且在花朵开放的不同时期活力表现差异很大：以初花期最高，有活力花粉比例达93%；随后开始下降，盛花期有活力花粉比例为84%；凋谢期最低，有活力花粉比例仅为44%（表5.3）。

5.1.5.2　柱头可授性

通过联苯胺–过氧化氢法测定，将柱头至少2/3部位呈现深蓝色并伴有大量气泡出现算作柱头具有可授性，且气泡越多，可授性越强，否则认为柱头没有可授性。经试验观察，泽泻虾脊兰整个花期柱头均有可授性。随着花的展开，柱头可授性逐渐增强，盛花期之后开始逐渐减弱，当花朵闭合呈现完全凋谢状态时不具有可授性。说明柱头在花朵完全开放至凋谢的过程中，随着时间的增加，柱头可授性呈现阶段性变化，从最初具部分活性到最后完全失去活性（表5.3）。

通过比较花粉活力与柱头可授性的测定结果（图5.6），发现它们的变化趋势存在一定的共性。二者微弱的同步性使得泽泻虾脊兰存在自花授粉成功的可能性。因此，在花期相遇的情况下，将初花期的花粉授于适宜的柱头上可以大大提高结实率。

5.1.6　繁育系统

人工繁育系统试验结果见表5.4所列，去雄套袋和不去雄套袋结实率均为0，去雄不套袋的结实率为15%，人工自花、人工同株异花和人工异株异花授粉的结实率都是100%，自然结实率为23.3%。以上结果表明，泽泻虾脊兰是高度自交亲和的物种，不存在无融合生殖和自动自交授粉的情况，必须通过昆虫作为媒介传粉才能结实。

5.1.7　访花昆虫及其行为

5.1.7.1　访花昆虫

在花期内通过观察，发现共有8种访花昆虫（图5.7），其中只有2种蝶类携带有花粉块。经鉴定，2种蝴蝶均属于鳞翅目（Lepidoptera）弄蝶科（Hesperiidae），分别是半黄绿弄蝶（*Choaspes hemixanthus*）和黄射纹星弄蝶（*Celaenorrhinus oscula*）（图5.8）。连续观察20d，共观察到129次访花行为，其中58次带出花粉。半黄绿弄蝶是访花频率最高的昆虫，高达102次，其中48次带出花粉。二者的访花时间主要集中在

表5.3　泽泻虾脊兰不同时期的花粉活力和柱头可授性测定结果

处理时间	花粉活力（%）	柱头可授性
花蕾期	79	+/–
初花期	93	+
盛花期	84	++
凋谢期	44	–

注："+/–"表示柱头仅具有部分可授性；"+"表示具有可授性；"++"表示具有较强的可授性；"–"表示柱头不具有可授性。

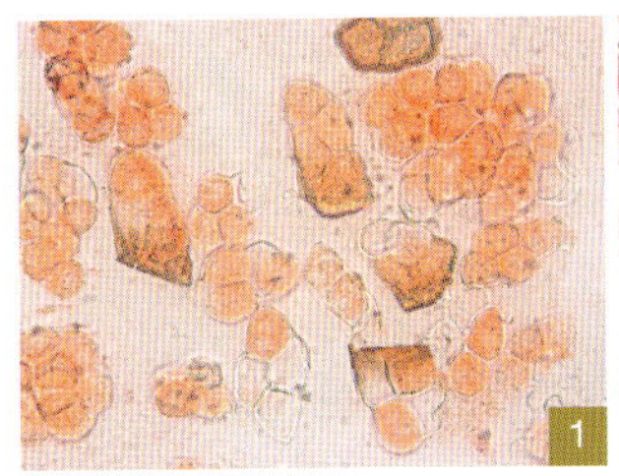
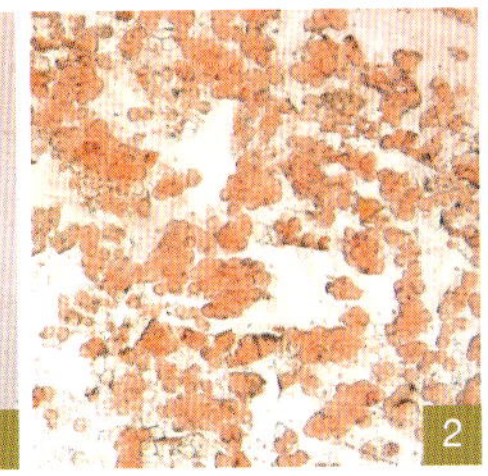

图5.6　花粉活力与柱头可授性

1. 泽泻虾脊兰花粉活力染色情况(400×)　2.泽泻虾脊兰花粉活力染色情况(100×)　3. 花蕾期泽泻虾脊兰柱头可授性检测所观察到的气泡　4. 盛花期泽泻虾脊兰柱头可授性检测所观察到的气泡

表5.4　泽泻虾脊兰繁育系统试验结果统计

处理方法	实验花数	结实数目	结实率（%）
去雄套袋	20	0	0
不去雄套袋	20	0	0
去雄不套袋	20	3	15
人工自花	20	20	100
人工同株异花	20	20	100
人工异株异花	20	20	100
自然对照	60	14	23.3

图5.7　泽泻虾脊兰的各种访花昆虫

图5.8　泽泻虾脊兰的传粉者

1、3. 半黄绿弄蝶　2、4. 黄射纹星弄蝶

9:30～14:00，阴雨天访花活动明显减少。而其他6种昆虫的访花频率较低，且每天的访花次数均不一致，具有较强的偶然性。

半黄绿弄蝶成虫体长1.95cm ± 0.07cm，触角长1.29cm ± 0.02cm，口器长度平均值为1.39cm（n=8），后翅臀角有鲜明的橘红边围以黑斑。黄射纹星弄蝶成虫体长1.51cm ± 0.03cm，触角长1.01cm ± 0.01cm，口器长度平均值为1.21cm（n=5），翅黑褐色，基部有黄色放射状纹。

5.1.7.2　传粉行为

根据实验观察，泽泻虾脊兰不存在夜间传粉昆虫帮助其传粉的现象。有效传粉昆虫半黄绿弄蝶和黄射纹星弄蝶的访花行为主要集中在9:30～14:00时间段。由于泽泻虾脊兰的唇瓣在授粉之前是水平伸展的，故可给传粉昆虫提供良好的降落点，弄蝶在访花时，一般直接降落在唇瓣，然后将虹吸式口器伸入距内，退出时口器末端弯曲部分会碰触到位于药帽前端的黏盘，于是药帽连同花粉块黏附在口器上被一起带出，在飞行的过程中，它们会不断地伸缩口器，使得药帽掉落，但花粉块仍黏附于口器上。当带着花粉块的弄蝶访问另一朵花时，粘在其口器上的花粉块有时就会被粘到位于药帽两侧富含黏液的柱头上，从而完成传粉过程。

根据观察，半黄绿弄蝶和黄射纹星弄蝶在接近泽泻虾脊兰时，完全不会在花的上空盘旋，每次都是直接落在唇瓣中裂片上。这两种传粉昆虫在访花时唯一的区别是黄射纹星弄蝶的翅膀是完全展开的，而半黄绿弄蝶则是收拢翅膀。它们在花上停留的时间都极短，一般为2～4s，平均停留时间为3.1s（n=8）。停留时间长短取决于花朵花粉块存在与否以及昆虫是否携带有花粉块，当花朵存在花粉块或者昆虫携带花粉块访花时，在花上停留时间则较长，且带走花粉块时在花上停留的时间明显比没有带出花粉块时长。这2种传粉昆虫携带花粉块连续访花的频率明显比不携带花粉块连续访花的频率要低。据统计，半黄绿弄蝶携带花粉块连续访花的次数为16次，不携带花粉块连续访花的次数为37次；黄射纹星弄蝶携带花粉块连续访花的次数为4次，不携带花粉块连续访花的次数为9次。

此外，在观察过程中发现，有些传粉昆虫访花后并未把花粉块带走，只是在退出时将药帽移动，使自身花粉块落在了药帽两侧的柱头内，这可能就是自花授粉产生的原因。还发现花朵上存在药帽时，有授粉成功的情况；不存在药帽时，也有授粉成功的情况。也就是说，药帽存在与否并不影响泽泻虾脊兰的授粉（图5.9）。

5.1.7.3　花部特征对传粉昆虫的吸引作用

实验结果见表5.5所列，在对腓胝体进

图5.9　授粉的2种方式

1. 药帽存在时成功授粉花朵　2. 被动自花授粉的花朵

表5.5　不同处理对访花频率的影响

处理方式	访花次数	处理方式	访花次数
去除腓胝体	0	唇瓣涂红	5
腓胝体涂红	0	唇瓣涂蓝	8
腓胝体涂蓝	0	唇瓣涂黑	2
腓胝体涂黑	0	对照	10
去除唇瓣	0		

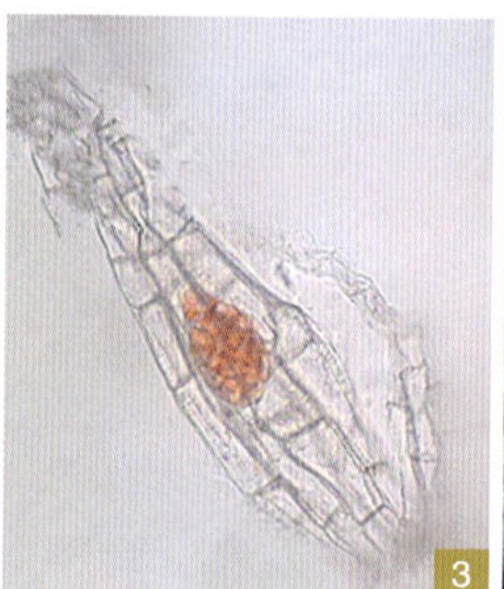
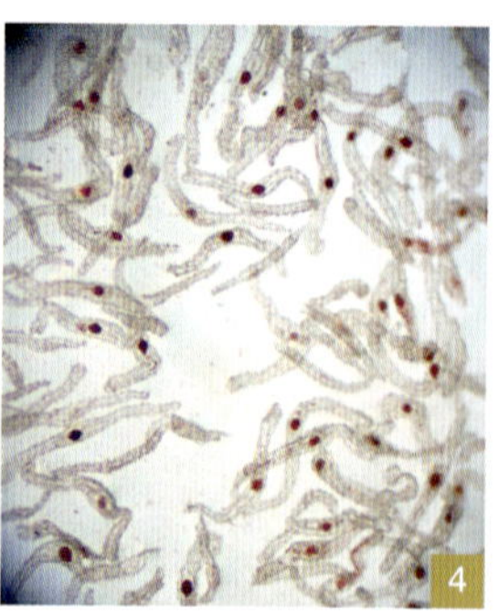

图5.10 泽泻虾脊兰种子形态特征和染色情况

1. 30d的未成熟绿色蒴果剖面图 2. 65d的蒴果剖面图 3. 光学显微镜下65d的种子 4. 体视显微镜下65d的种子

行处理的实验组中，没有观察到传粉昆虫访花。在对唇瓣一系列处理中，特别是将唇瓣涂成红色及蓝色的实验组中，仍发现有访花行为存在。结果表明，唇瓣的有无和唇瓣上黄色的胼胝体，对吸引这2种弄蝶帮助传粉有十分重要的作用。此外，唇瓣特定颜色对弄蝶类也有吸引作用，尤其是白色、蓝色和红色，黑色没有吸引作用，可能与弄蝶类的视觉对颜色的分辨率有一定关系，这有待于进一步研究。

5.1.8 种子活力

泽泻虾脊兰种子幼嫩时白色，成熟时棕黄色，呈纺锤状，两端渐狭，中部膨大，没有胚乳。授粉后30d的蒴果不饱满，种子幼嫩，与胎座组织紧密贴生。采集授粉65d的种子能清晰地看到圆球形胚的存在，大部分正常发育的胚都能染成红色（图5.10）。

由图5.11可知，人工授粉后65d和106d采集的蒴果其种子都具有很强的活力，而且自花授粉、同株异花授粉、异株异花授粉及自然结实的种子活力差异不显著，表明泽泻虾脊兰没有近交衰退现象，且种子活力不是制约泽泻虾脊兰种子萌发和种群扩张的主要因素。

5.1.9 传粉者、传粉效率与传粉机制

半黄绿弄蝶和黄射纹星弄蝶是泽泻虾脊兰的有效传粉者。比较传粉者的体型特点与泽泻虾脊兰的花部特征，发现半黄绿弄蝶和黄射纹星弄蝶都具有合适的体型，特别是口器的长度略长于距的长度。同时，泽泻虾脊兰的唇瓣2深裂，中裂片扇形，比侧裂片大得多，为传粉昆虫提供了一个很好的立足点；药帽前端收狭，先端截形，且花粉块的黏盘位于药帽的前端，而距的入口在药帽前端与黄色胼胝体之间，当半黄绿弄蝶和黄射纹星弄蝶将长长的口器伸入距内底部，发现没有花蜜后，会立即退出，在退出过程中就会受到药帽前端的阻挡，药帽被向上顶起，花粉块被露出来，进而口器触碰到位于药帽前端的黏盘，将花粉块带出。当携带有花粉块的弄蝶访下一朵花时，在将口器伸入距内的过程中，花粉块会被位于药帽两侧柱头上的黏液粘住。泽泻虾脊兰的整个传粉过程就这样在弄蝶的口器进入距与退出距的过程中完成。

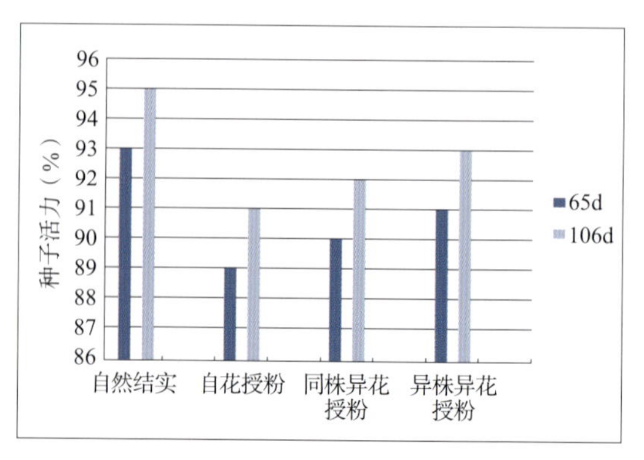

图5.11 泽泻虾脊兰不同发育时期的种子活力

根据观察统计，半黄绿弄蝶的访花次数占传粉昆虫访花次数的79.1%，带出花粉块的次数占传粉者带出花粉块总次数的82.8%，因此认为这种频繁访问的半黄绿弄蝶是本实验观察区内泽泻虾脊兰的主要传粉者。

植物与传粉动物之间经协同进化，常常产生互利的关系，昆虫为植物传粉，植物为昆虫提供回报，但这种互利关系往往被欺骗者所利用。兰科约有1/3的种类是依靠这种欺骗手段实现传粉的，它们不为传粉者提供任何回报。有回报的兰科植物提供诸如花蜜、脂类物质、油类物质等来吸引传粉者访花。野外观察结果显示，在泽泻虾脊兰花上没有蜜液或者脂类物质等一般兰科植物为昆虫提供的报酬。因此，推测泽泻虾脊兰的传粉机制属于无回报的欺骗性传粉。

泽泻虾脊兰的花虽然没有挥发性气味，但花期长，花序高耸和纯白的花色十分醒目，且在白色的唇瓣基部有一个大而鲜明的黄色胼胝体，与纯白的花色形成强烈的色彩反差，使得黄色胼胝体更加明显，可能起到标志的作用。这些都充分表明泽泻虾脊兰是通过自身的花色展示来吸引传粉者的，因而认为泽泻虾脊兰的传粉机制属于泛化的食源性欺骗传粉。

5.1.10　繁殖成功率

繁殖成功与否是植物能否适应环境条件的重要因素。在有性生殖过程中，植物的开花生物学特性与其传粉机制相适应，有活力的花粉、有效的传粉媒介和具有可授性的柱头是繁殖成功的前提。根据实验结果，泽泻虾脊兰的胚珠/种子略大于1，说明泽泻虾脊兰具有比较高的胚珠受精能力；花粉和柱头在整个开放期间都具有活力，且活性表达时间具有一致性，这样就能大大提高繁殖成功率。

自然条件下，兰科植物的结实率普遍比较低，没有回报的欺骗性兰科植物自然结实率更低，平均只有20.7%。在实验区，泽泻虾脊兰的自然结实率为23.3%，与其他采取欺骗性传粉机制的兰科植物相近。去雄套袋和不去雄套袋处理后的结实率均为0，表明泽泻虾脊兰不存在自动自花授粉和无融合生殖，它的自然结实必须依靠弄蝶帮助其传粉。有趣的是，弄蝶的访花行为不仅会导致异花授粉，同时还会导致自花授粉现象的发生。泽泻虾脊兰人工自花授粉的结实率达到100%，表明其是高度自交亲和的物种，验证了它的繁育系统为混合交配系统——被动的自花授粉和异花授粉，具有多样繁殖成功策略。

人工异花授粉结实率（100%）和自然结实率（23.3%）之间有显著差异，表明泽泻虾脊兰的繁殖可能受到弄蝶种群数量的限制，这种现象在其他依靠欺骗性传粉的兰科植物中也同样存在。尽管影响植物繁殖成功率的因素有很多，但在欺骗性传粉兰科植物中，无回报和传粉者种群数量是导致其结实率低的主要原因。此外，传粉者访花频率也会影响繁殖成功率。昆虫的访花频率随花期的不同有明显变化，环境因子如光、温度、天气情况等都可以影响访花昆虫的数量及访花频率。泽泻虾脊兰的传粉媒介只有2种弄蝶，且它们的活动明显受气候条件影响。5～7月为当地梅雨季节，降水量比较充足，长时间的连续降水限制了弄蝶的活动，从而影响访花频率。因此，泽泻虾脊兰的传粉媒介是造成传粉系统不完善和结实率低的主要原因。

5.1.11　小结

泽泻虾脊兰5月底开花，花期长达53d左右，无花蜜和脂类物质分泌。授粉后，花的各部有一个规律性的动态变化过程，即唇瓣由白色逐渐变为浅黄色，花瓣和花萼迅速向内闭合，唇瓣慢慢上翘，直至完全盖住胼胝体及合蕊柱，最后花瓣和萼片颜色逐渐变黯淡，直至萎蔫，这也许是生殖隔离的一种策略。

泽泻虾脊兰花粉块为非淀粉型，在整个花期，花粉块和柱头均具有活性，活性的变化规律呈抛物线形，且两者具有相同的时效性，其中以初花期活性最高。

泽泻虾脊兰不存在自花授粉和无融合生殖现象，自交和异交都高度亲和，自然结实率为23.3%，表明传粉需要传粉媒介的帮助才能完成，且居群中缺少传粉媒介。其繁育系统为混合交配系统——被动的自花授粉和异花授粉，具有多样繁殖成功策略。

泽泻虾脊兰的有效传粉媒介为2种弄蝶，即半黄绿弄蝶和黄射纹星弄蝶，传粉机制属于泛化的食源性欺骗传粉，主要通过唇瓣基部黄色的胼胝体以及唇瓣的色泽来吸引弄蝶帮助其传粉。

后续研究建议：关注传粉昆虫的生物学特性，进一步弄清吸引其传粉的机制。对泽泻虾脊兰自身克隆、被动自花授粉和异花授粉的后代，通过分子生物学手段研究其基因交流和遗传分化。

5.2 多叶斑叶兰

5.2.1 研究地概况

本研究的野外观察地点位于24°31′29″～24°31′35″N、114°27′31″～114°27′37″E，海拔632～648m，总体上属于中低山地貌，年平均气温16.4℃，年平均降水量2155.6mm，年平均相对湿度为87%。以被测居群最中心的植株为圆心、30m为半径作样圆，样圆内的伴生植物见表5.6所列，同期开花植物见表5.7所列。样圆内伴生植物共有102种，种子植物中乔木46种、灌木19种、藤本4种、草本24种，孢子植物中蕨类9种；同期开花植物共有19种（图5.12）。可以看出，伴生植物以常绿乔木为主，阔叶林下常年保持阴湿，这为多叶斑叶兰提供了良好的生境。

5.2.2 开花物候

居群群体花期从8月底持续到9月底，长约26d，单花序的平均花期为14.6d ± 1.6d（n=40），单花平均花期为9.4d ± 0.8d（n=40）。单花从萌芽到现蕾持续3d，萌芽时呈青绿色；花蕾期持续5d，花蕾呈白色；开放期持续9d，此时唇瓣呈黄色，萼片呈白色或白色带粉红色；凋谢期持续4d，花朵萎蔫，呈紫红色。当柱头接受花粉后，花期明显缩短，第二天，唇瓣上翘，花瓣和花萼向内闭合，花朵由白色变为紫红色并逐渐变暗淡，直至萎蔫，子房随之逐渐膨大，呈黄色。昆虫传粉1个月后的蒴果呈青黄色，2个月呈棕黄色，3个月呈深黄色并开裂。果实成熟时呈纺锤形，长18.70mm ± 0.82mm（n=40），宽6.24mm ± 0.32mm（n=40）。盛开期的花朵，没有发现有花蜜和脂类物质分泌。

5.2.3 花的形态学特征

多叶斑叶兰的花序为总状花序，花中等大，半张开，自下而上次第开放。唇瓣黄色，萼片白色或白色带粉色，唇瓣基部凹陷呈囊状，有花蜜，内面具多数腺毛，前部舌状，蕊喙直立，叉状2裂；花粉团2个，近等大；黏盘位于蕊喙两裂之间，与蕊喙平行贴合；柱头1个，位于蕊喙之下。花各部组成的解剖结构如图5.13所示。

对盛开的多叶斑叶兰花朵的形态学指标测量分析结果见表5.8所列。

在这些形态学指标中，合蕊柱长3.05mm ± 0.15mm（n=40），花朵开口长、宽分别为3.33mm ± 0.21mm（n=40）、3.02mm ± 0.17mm（n=40）。

表5.6 多叶斑叶兰居群伴生植物

习性	物种	习性	物种
常绿乔木	亮叶槭 *Acer lucidum*	常绿乔木	半枫荷 *Semiliquidambar cathayensis*
	赤杨叶 *Alniphyllum fortunei*		猴欢喜 *Sloanea sinensis*
	米槠 *Castanopsis carlesii*		栓叶安息香 *Styrax suberifolius*
	罗浮锥 *Castanopsis faberi*		毛山矾 *Symplocos groffii*
	丝栗栲 *Castanopsis fargesii*		黄牛奶树 *Symplocos laurina*
	毛锥 *Castanopsis fordii*		观光木 *Tsoongiodendron odorum*
	鹿角锥 *Castanopsis lamontii*	落叶乔木	南酸枣 *Choerospondias axillaris*
	香樟 *Cinnamomum camphora*		黄檀 *Dalbergia hupeana*
	肉桂 *Cinnamomum cassia*		杜仲 *Eucommia ulmoides*
	日本柳杉 *Cryptomeria japonica*		山桐子 *Idesia polycarpa*
	杉木 *Cunninghamia lanceolata*		枫香 *Liquidambar formosana*
	碟斗青冈 *Cyclobalanopsis disciformis*		鹅掌楸 *Liriodendron chinense*
	虎皮楠 *Daphniphyllum oldhami*		毛红椿 *Toona ciliata* var. *pubescens*
	香港四照花 *Dendrobenthamia hongkongensis*	落叶灌木	柳叶毛蕊茶 *Camellia salicifolia*
	罗浮柿 *Diospyros morrisiana*		秀柱花 *Eustigma oblongifolium*
	褐毛杜英 *Elaeocarpus duclouxii*		小果山龙眼 *Helicia cochinchinensis*
	多花山竹子 *Garcinia multiflora*		凹叶冬青 *Ilex championii*
	小果山龙眼 *Helicia cochinchinensis*		钝齿尖叶桂樱 *Laurocerasus undulata*
	刺叶桂樱 *Laurocerasus spinulosa*		香叶树 *Lindera communis*
	厚斗柯 *Lithocarpus elizabethae*		刺毛杜鹃 *Rhododendron championiae*
	多穗石柯 *Lithocarpus polystachyus*		毛棉杜鹃 *Rhododendron moulmainense*
	黄丹木姜子 *Litsea elongata*		厚皮香 *Ternstroemia gymnanthera*
	薄叶润楠 *Machilus leptophylla*		茜树 *Aidia cochinchinensis*
	润楠 *Machilus pingii*		八角枫 *Alangium chinense*
	木莲 *Manglietia fordiana*		钟花樱桃 *Cerasus campanulata*
	乳源木莲 *Manglietia yuyuanensis*		大青 *Clerodendrum cyrtophyllum*
	乐昌含笑 *Michelia chapensis*		黄杞 *Engelhardtia roxburghiana*
	深山含笑 *Michelia maudiae*		白背叶 *Mallotus apelta*
	野含笑 *Michelia skinneriana*		青灰叶下珠 *Phyllanthus glaucus*
	椤木石楠 *Photinia davidsoniae*		华南青皮木 *Schoepfia chinensis*
	马尾松 *Pinus massoniana*		岭南杜鹃 *Rhododendron mariae*
	竹柏 *Podocarpus nagi*		盐肤木 *Rhus chinensis*
	木荷 *Schima superba*	藤本植物	广东蛇葡萄 *Ampelopsis cantoniensis*

续表

习性	物种	习性	物种
藤本植物	清风藤 *Sabia japonica*	草本植物	博落回 *Macleaya cordata*
	菝葜 *Smilax china*		糯团 *Memorialis hirta*
	络石 *Trachelospermum jasminoides*		赤车 *Pellionia radicans*
草本植物	金线草 *Antenoron filiforme*		商陆 *Phytolacca acinosa*
	石菖蒲 *Acorus tatarinowii*		冷水花 *Pilea notata*
	下田菊 *Adenostemma lavenia*		疏花长柄山蚂蝗 *Podocarpium laxum*
	胜红蓟 *Ageratum conyzoides*		繁缕 *Stellaria media*
	花叶山姜 *Alpinia pumila*		一枝黄花 *Solidago decurrens*
	金线莲 *Anoectochilus roxburghii*		苍耳 *Xanthium sibiricum*
	对叶楼梯草 *Elatostema sinense*	蕨类植物	阴地蕨 *Botrychium ternatum*
	肥肉草 *Fordiophyton fordii*		狗脊 *Cibotium barometz*
	中华锥花 *Gomphostemma chinense*		一支箭 *Herba ophioglossi*
	白肋翻唇兰 *Hetaeria cristata*		海金沙 *Lygodium japonicum*
	箬竹 *Indocalamus tessellatus*		中华盾蕨 *Neolepisorus sinensis*
	剪刀股 *Ixeris debilis*		紫萁 *Osmunda japonica*
	马兰 *Kalimeris indica*		蜈蚣草 *Pteris vittata*
	阔叶山麦冬 *Liriope platyphylla*		石韦 *Pyrrosia lingua*
	淡竹叶 *Lophatherum gracile*		深绿卷柏 *Selaginella doederleinii*

表5.7　与多叶斑叶兰同期开花植物

习性	物种	习性	物种
灌木	地菍 *Melastoma dodecandrum*	草本	马兰 *Kalimeris indica*
草本	白接骨 *Asystasiella neesiana*		败酱 *Patrinia scabiosaefolia*
	蚕茧草 *Polygonum japonicum*		羊乳 *Codonopsis lanceolata*
	赤车 *Pellionia radicans*		大苞鸭跖草 *Commelina paludosa*
	牛膝 *Achyranthes bidentata*		白肋翻唇兰 *Hetaeria cristata*
	金线草 *Antenoron filiforme*		湖北凤仙花 *Impatiens pritzelii*
	长柄山蚂蝗 *Podocarpium podocarpum*		香青兰 *Dracocephalum moldavica*
	龙芽草 *Agrimonia pilosa*		光叶蝴蝶草 *Torenia glabra*
	梵天花 *Urena procumbens*	藤本	葛 *Pueraria lobata*
	香茶菜 *Rabdosia amethystoides*		

图5.12　多叶斑叶兰及其同期开花植物

1. 白接骨　2. 香青兰　3. 蚕茧草　4. 赤车　5. 牛膝　6. 金线草　7. 长柄山蚂蝗　8. 龙芽草　9. 梵天花　10. 香茶菜　11.马兰　12. 光叶蝴蝶草　13. 败酱　14. 羊乳　15. 葛　16. 大苞鸭跖草　17. 地菍　18. 湖北凤仙花　19. 白肋翻唇兰　20. 多叶斑叶兰

表5.8　多叶斑叶兰花的形态学特征

形态学指标	样本数	平均值（mm）	形态学指标	样本数	平均值（mm）
花序长	40	112.80 ± 1.10	花瓣宽度	40	3.57 ± 0.28
花柄长度	40	9.99 ± 1.42	唇瓣长度	40	7.51 ± 0.42
中萼片长度	40	9.37 ± 0.57	唇瓣宽度	40	4.07 ± 0.23
中萼片宽度	40	4.83 ± 0.26	合蕊柱长度	40	3.05 ± 0.15
侧萼片长度	40	8.29 ± 0.50	花朵开口长度	40	3.33 ± 0.21
侧萼片宽度	40	5.56 ± 0.35	花朵开口宽度	40	3.02 ± 0.17
花瓣长度	40	6.58 ± 0.31			

图5.13 花的解剖

1. 蕊喙未翘起 2. 蕊喙翘起 3. 唇瓣 4. 花粉块正面 5. 花粉块反面 6. 药帽 7. 花粉块未去除 8. 花粉块去除 9. 柱头及蜜囊

5.2.4 花粉活力与柱头可授性

有活力的花粉被TTC溶液染色后呈红色，如图5.14-1所示。对花粉进行活力检测，结果（图5.15-A）表明，花粉在开花第一天就已具备活力，达到60%，随时间延长，花粉活力逐渐增加，第三天达到了92%，第五天达到最高，为96%，随后花粉活力逐渐下降，至第九天时，其活性仍维持在60%以上。

柱头被联苯胺–过氧化氢反应液处理后出现大量气泡，如图5.14-2所示。柱头可授性检测结果（图5.15-B）表明，柱头在开花第二天开始具备可授性，但气泡较少，说明柱头可授性低。随着时间延长，气泡逐渐增多，柱头的可授性逐渐增强，开花第五天达到最高，随后逐渐下降，至第九天时，仍具有可授性。

5.2.5 繁育系统

对多叶斑叶兰繁育系统的研究结果见表5.9所列。

去雄套袋不能结实，说明多叶斑叶兰不存在无融合生殖；不去雄套袋不结实，

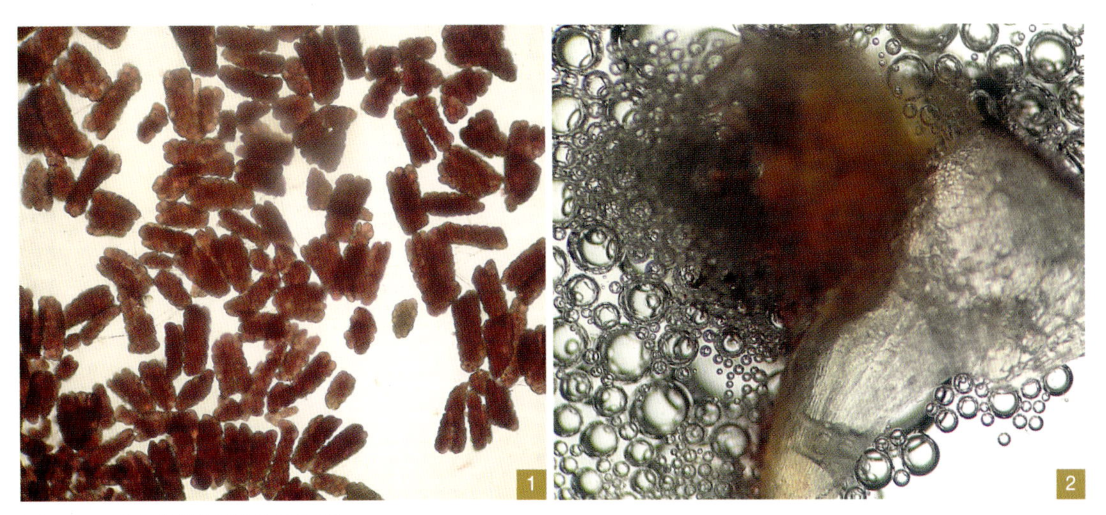

图5.14　种子活性及柱头可授性

1. 有活性的花粉粒　2. 具可授性的柱头

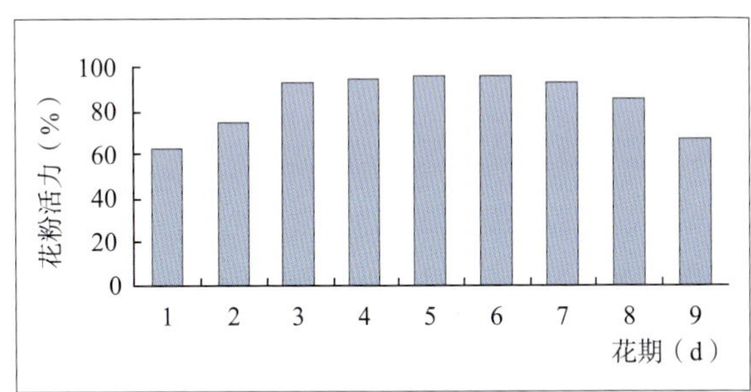

A. 花粉活力变化　　B. 柱头可授性变化

图5.15　花粉活力和柱头可授性的变化

表5.9　不同授粉方式的结实率比较

处理	花数	结实数	结实率（%）	处理	花数	结实数	结实率（%）
去雄套袋	60	0	0	同株异花授粉	60	57	95.0
不去雄套袋	60	0	0	异株异花授粉	60	58	96.7
自花授粉	60	56	93.3	对照	60	26	43.3

说明不存在自花传粉；自花授粉结实率达到93.3%，说明其具有高度的自交能力；同株异花授粉和异株异花授粉结实率分别达到95.0%和96.7%，说明其异交结实率高；对照组结实率为43.3%，说明自然结实率较高，但与人工授粉结实率存在较大差别，表明在自然条件下，没有足够多的传粉媒介帮助其完成有效传粉。

5.2.6　访花昆虫及有效传粉昆虫

通过观察和录像，夜间未见有昆虫来访，白天共有10种昆虫访问多叶斑叶兰。小黑斑凤蝶（*Chilasa epicydes*）和胡蜂科（Vespidae）昆虫在进行访花时只会在花的表面游走，未见有接触花粉及柱头的行为（图5.16-3、图5.16-7）。青背长喙天蛾（*Macroglossum bombylans*）与曲纹袖弄蝶（*Notocrypta curvifascia*）在访花过程中，只有口器前端部分伸入花中，并没有带出花粉块（图5.16-2、图5.16-4）。狡臭蚁属（*Technomyrmex*）和盘腹蚁属（*Aphaenogaster*）的蚁类会长时间停留在蜜囊内吸食花蜜，但并不能带走花粉块，为盗蜜者（图5.16-5、图5.16-10）。

多叶斑叶兰传粉昆虫为中华蜜蜂（*Apis cerana*）（图5.16-1）、橘尾熊蜂（*Bombus friseanus*）（图5.16-8）、东亚无垫蜂（*Amegilla parhypate*）（图5.16-6）和日本芦蜂（*Ceratinidia japonica*）（图5.16-9），昆虫访花时将口器伸入唇瓣囊内，退出

图5.16 访花昆虫及有效传粉昆虫

1. 中华蜜蜂 2. 青背长喙天蛾 3. 小黑斑凤蝶 4. 曲纹袖弄蝶 5. 狡臭蚁属 6. 东亚无垫蜂 7. 胡蜂科 8. 橘尾熊蜂 9. 日本芦蜂 10. 盘腹蚁属 11～14. 昆虫正在进行传粉 15～18. 体视显微镜下的传粉昆虫 19～22. 传粉昆虫口器特写

表5.10　多叶斑叶兰及传粉昆虫形态学特征测量结果

形态学特征	样本数	平均值	形态学特征	样本数	平均值
蕊喙与唇瓣的角度	40	32.93° ± 5.23°	橘尾熊蜂头部长	15	2.44mm ± 0.16mm
花开口长	40	3.33mm ± 0.21mm	橘尾熊蜂口器长	15	6.31mm ± 0.22mm
花开口宽	40	3.02mm ± 0.17mm	中华蜜蜂头部宽	15	3.23mm ± 0.35mm
合蕊柱长	40	3.05mm ± 0.15mm	中华蜜蜂头部长	15	3.62mm ± 0.82mm
东亚无垫蜂头部宽	15	4.72mm ± 0.36mm	中华蜜蜂口器长	15	5.22mm ± 0.24mm
东亚无垫蜂头部长	15	4.58mm ± 0.23mm	日本芦蜂头部宽	15	2.06mm ± 0.62mm
东亚无垫蜂口器长	15	12.62mm ± 0.78mm	日本芦蜂头部长	15	3.29mm ± 0.18mm
橘尾熊蜂头部宽	15	6.81mm ± 0.45mm	日本芦蜂口器长	15	2.17mm ± 0.53mm

时，其口器上部碰到花粉块背面的黏盘并带出花粉块，当访问其他花朵时，口器伸入到唇瓣囊内，花粉块粘在柱头上，完成传粉。昆虫访花集中在每天10:00～14:00。

5.2.7　传粉昆虫与花形态的测量

多叶斑叶兰及传粉昆虫形态学特征测量结果见表5.10所列。初花期，蕊喙与唇瓣完全闭合（图5.13-1）；3d后，蕊喙慢慢向上抬起，与唇瓣形成1个角度；5d后角度达到最大，为32.93° ± 5.23°（n=40），使得蕊喙与唇瓣之间形成1个有利于昆虫口器进入的空间（图5.13-2）。中华蜜蜂、橘尾熊蜂与东亚无垫蜂的头部长、宽均大于花的开口长、宽，其口器长度与合蕊柱长度的比例分别为1：1、2：1与4：1，因此其在访花时，头部不能伸入花内，只能将口器伸入唇瓣囊内，退出时，花粉块背面的黏盘分别粘在口器的末端（图5.16-19）、中部（图5.16-20）与前中部（图5.16-21）。日本芦蜂的头部长、宽分别小于花的开口长、宽，口器长略短于合蕊柱长度，因此其在访花时，口器虽较短，但其头部能够伸入花内，退出时，花粉块背面的黏盘亦能粘在口器的末端（图5.16-22）。

5.2.8　同期开花植物花粉及传粉昆虫携带花粉的电镜扫描

通过对多叶斑叶兰同期开花植物花粉及传粉昆虫所携带花粉的形状和外壁纹饰特点的比对观察，发现东亚无垫蜂头部、腹部、附肢上所携带的为地菍与湖北凤仙花的花粉；橘尾熊蜂携带的为白接骨、香茶菜、光叶蝴蝶草与败酱的花粉；中华蜜蜂携带的为梵天花与大苞鸭跖草的花粉；日本芦蜂未见携带花粉（图5.17）。

5.2.9　花蜜体积和花蜜糖浓度

根据不同时间段单花花蜜体积与糖浓度的分析（图5.18）可知，单花花蜜体积在10:00达到最大，为7.19μL±2.29μL（n=10），不同时间段单花花蜜体积有显著性差异（P=0.029），不同时间段单花花蜜体积的变化趋势为10:00>8:00>16:00>14:00>12:00。糖浓度在16:00达到最大，为25.85%±1.83%（n=10），不同时间段糖浓度有显著性差异（P=0.001），不同时间段糖浓度的变化趋势为16:00>10:00>12:00>14:00>8:00。不同时间段单花花蜜体积与糖浓度变化规律无相关性（P=0.73）。

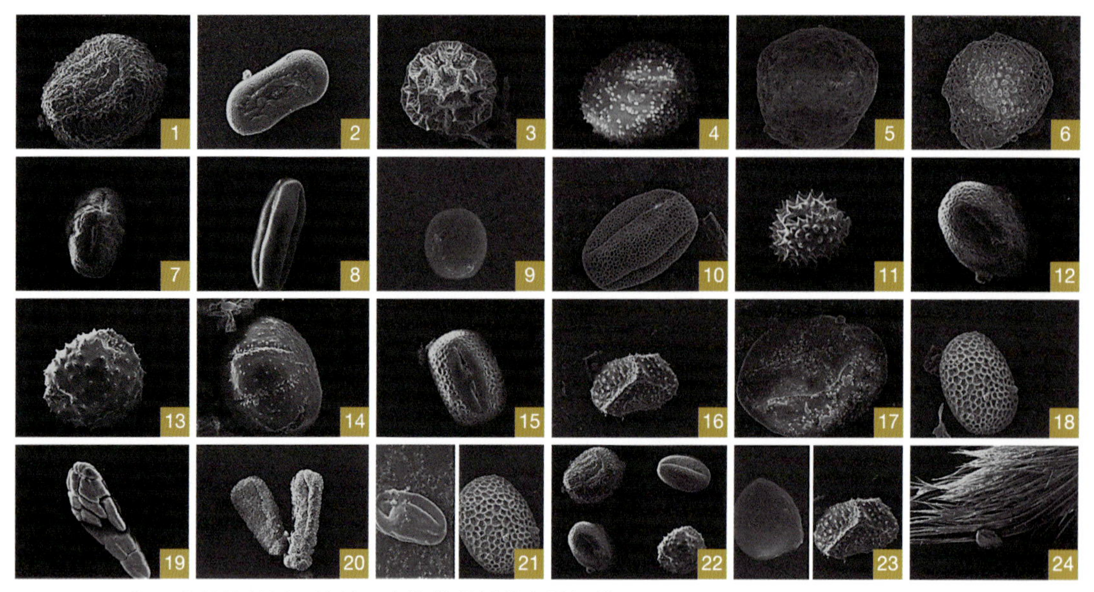

图5.17　同期开花植物花粉及传粉昆虫携带花粉的电镜扫描

1. 白接骨花粉　2. 香青兰花粉　3. 蚕茧草花粉　4. 赤车花粉　5. 牛膝花粉　6. 金线草花粉　7. 长柄山蚂蝗花粉　8. 龙芽草花粉　9. 梵天花花粉　10. 香茶菜花粉　11. 马兰花粉　12. 光叶蝴蝶草花粉　13. 败酱花粉　14. 羊乳花粉　15. 葛花粉　16. 大苞鸭跖草花粉　17. 地菍花粉　18. 湖北凤仙花花粉　19. 白肋翻唇兰花粉　20. 多叶斑叶兰花粉　21. 东亚无垫蜂携带的花粉　22. 橘尾熊蜂携带的花粉　23. 中华蜜蜂携带的花粉　24. 日本芦蜂携带的花粉

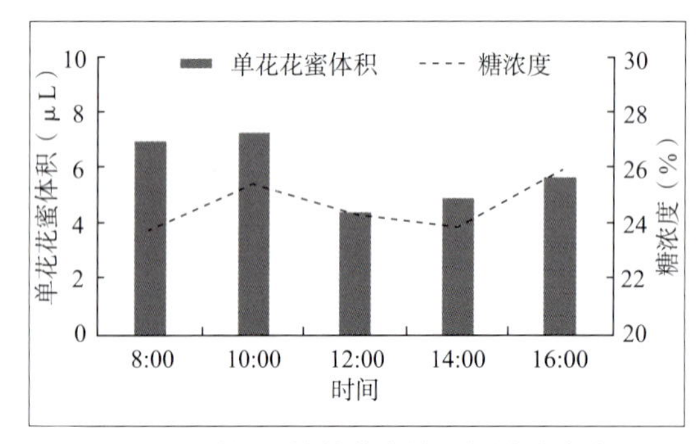

图5.18　不同时间段单花花蜜体积与糖浓度变化

5.2.10　花挥发性成分检测

对多叶斑叶兰单花不同花期的挥发性成分进行测定，结果表明，花蕾期的挥发性成分主要为1-辛烯-3-醇、3-辛醇（图5.19-A），含量分别为42%、24%；盛开期的挥花性成分主要有*N*, *N*-二甲基甲酰胺、1-辛烯-3-醇、3-辛醇（图5.19-B），含量分别为12%、22%、40%；凋谢期的挥花性成分主要有*N*, *N*-二甲基甲酰胺、3-辛醇（图5.19-C），含量分别为21%、28%。1-辛烯-3-醇具有蘑菇（*Agaricus campestris*）、薰衣草（*Lavandula angustifolia*）、玫瑰（*Rosa rugosa*）和干草气味；3-辛醇呈强烈油脂、果仁和草药气味，稀释后呈蘑菇和干酪气味；*N*, *N*-二甲基甲酰胺为无色透明或淡黄色液体，有鱼腥味。

在同一天的7:00、10:00、12:00、14:00和17:00采集盛开期花朵进行挥发性成分检测（图5.20），结果表明，不同花期花的挥发性成分大致相同，主要为*N*, *N*-二甲基甲酰胺、1-辛烯-3-醇、3-辛醇。在这5个不同时间点，*N*, *N*-二甲基甲酰胺的含量分别为12%、10%、10%、9%、3%，1-辛烯-3-醇的含量分别为23%、14%、20%、16%、22%，3-辛醇的含量分别为45%、42%、55%、48%、46%；*N*, *N*-二甲基甲酰胺在7:00时含量最高，1-辛烯-3-醇在7:00时含量最高，3-辛醇在12:00时含量最高。

5.2.11　花蜜中可溶性糖成分及含量测定

采用HPLC法对果糖（fructose）、葡萄糖（glucose）、蔗糖（sucrose）和麦芽糖（maltose）的标准品进行检测，出峰时间分别为8.673min、10.912min、17.138min和18.715min，且能较好区分（图5.21）。从多叶斑叶兰花蜜的可溶性糖提取液中，检测到蔗糖和果糖，检测不到葡萄糖和麦芽糖。在花蜜的2种可溶性糖中，果糖在10:00含量达到最高，为78.310mg/g；蔗糖在16:00含量达到最高，为247.600mg/g（图5.22）。

5.2.12　颜色的标定分析

从图5.23-A可看出，粉、白、橙、黄、绿纸片分别在600nm、420nm、620nm、590nm和520nm处反射率最大，基本与其对应波长一致，并且各种颜色对应的最大反射率之间差异较大。图5.23-B中，侧萼片和中萼片有4个反射率最大峰，其对应的波长分别是430nm、510nm、570nm和620nm，

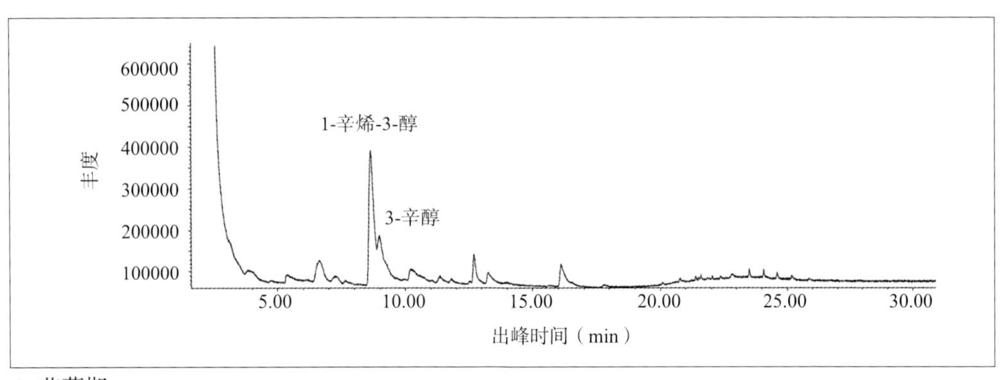

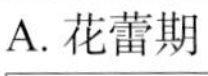
A. 花蕾期

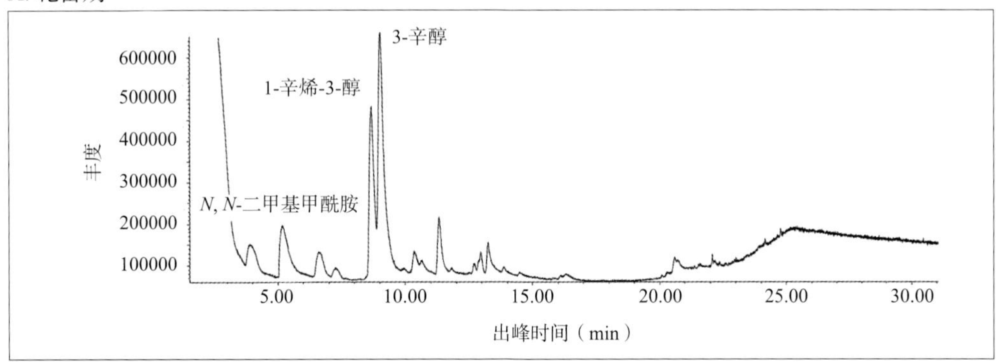

B. 盛开期

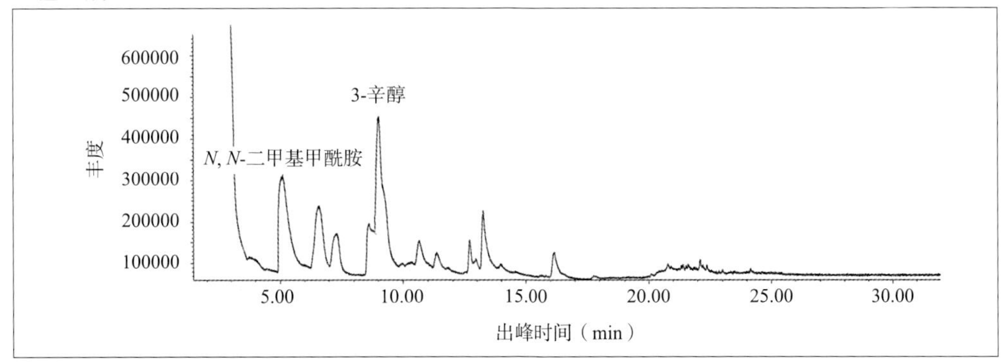

C. 凋谢期

图5.19　不同花期的花挥发性成分总离子流图

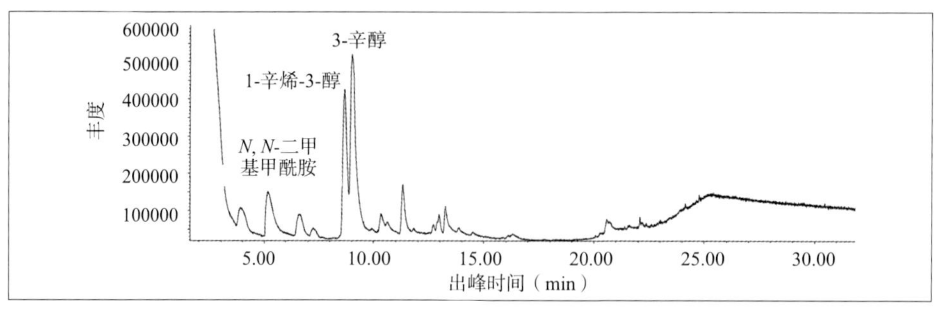

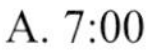
A. 7:00

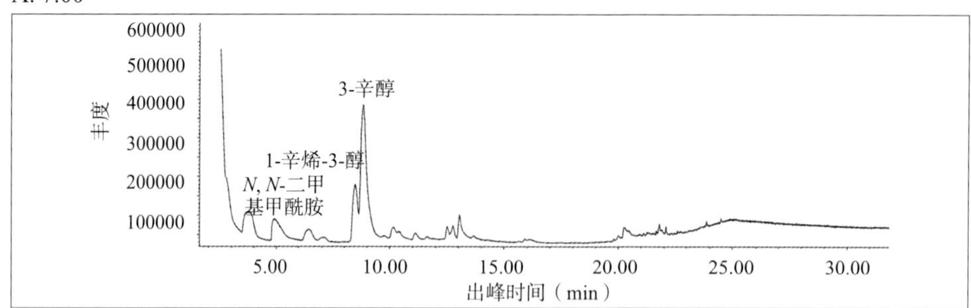

B. 10:00

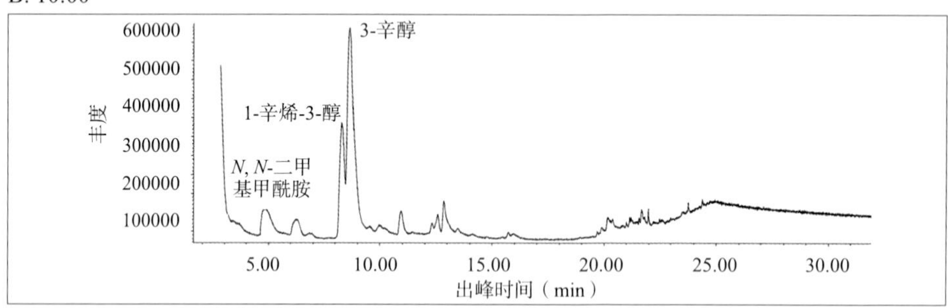

C. 12:00

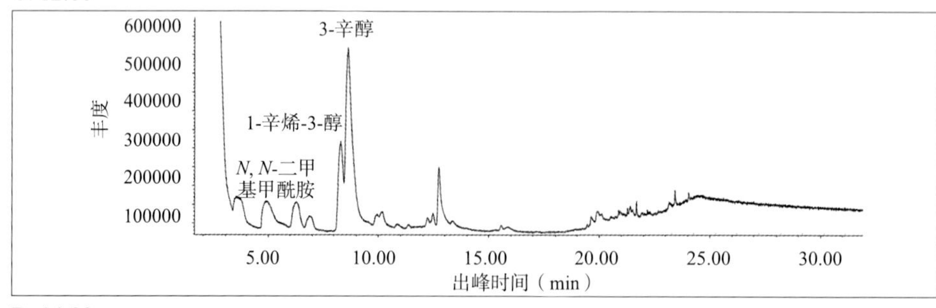

D. 14:00

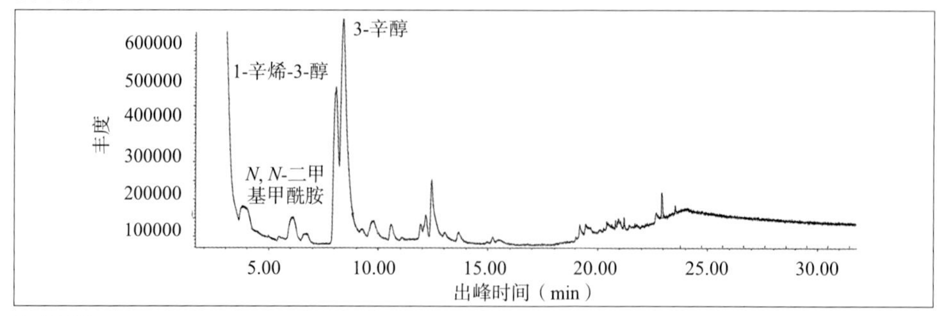

E. 17:00

图5.20　盛开期花的挥发性成分总离子流图

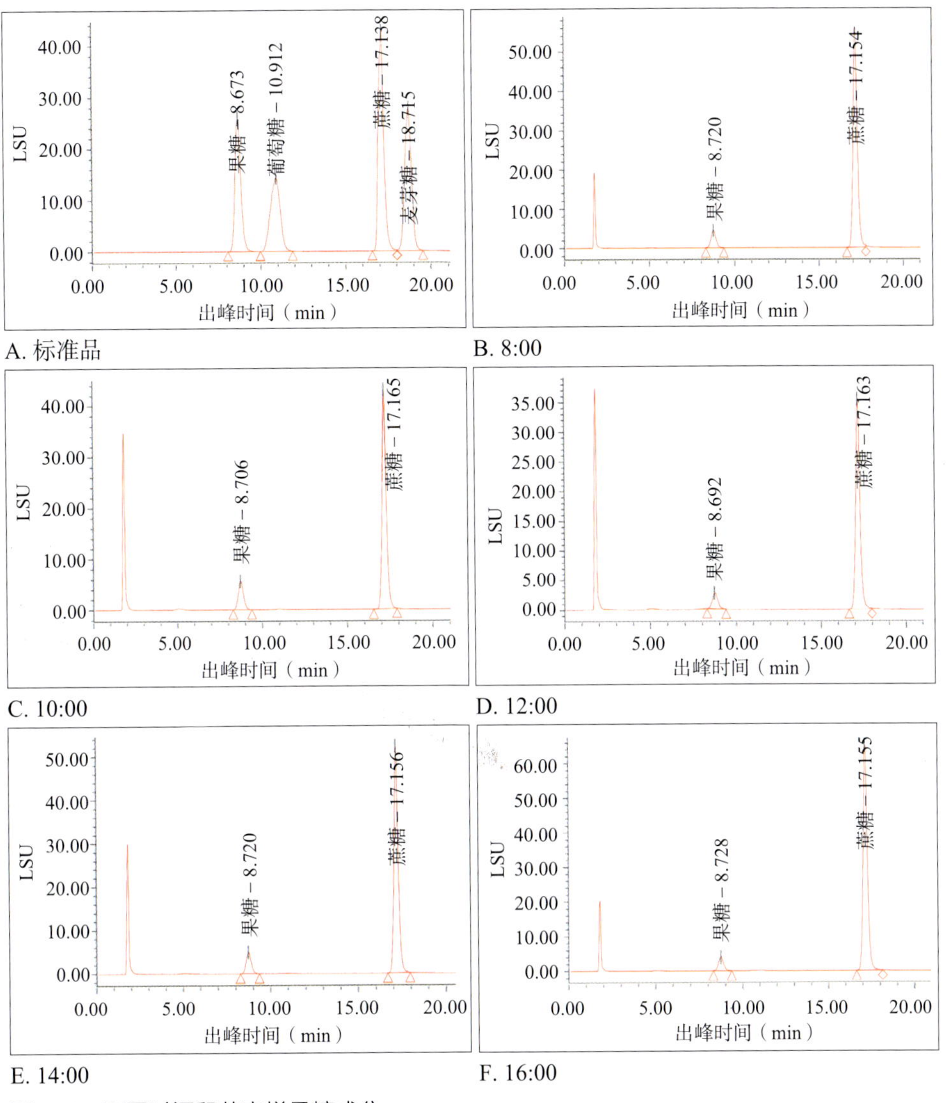

图5.21　不同时间段花蜜样品糖成分

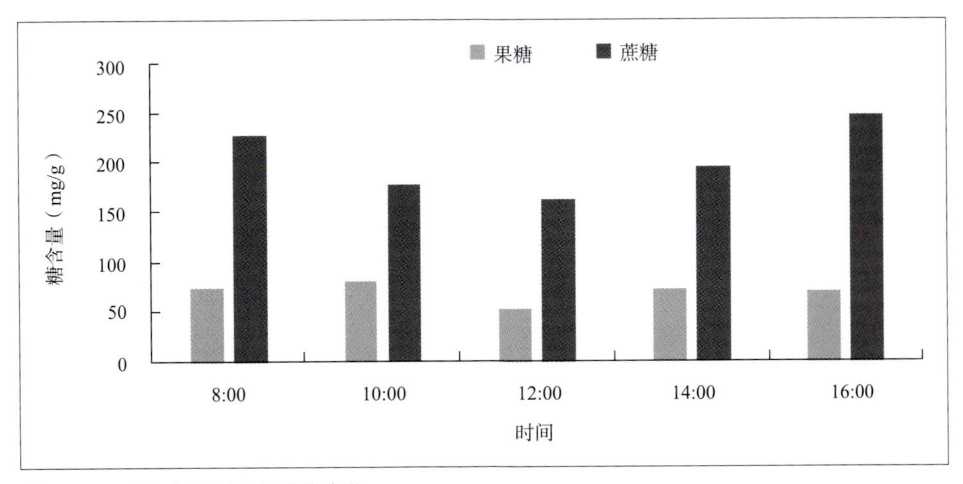

图5.22　不同时间各花蜜成分变化

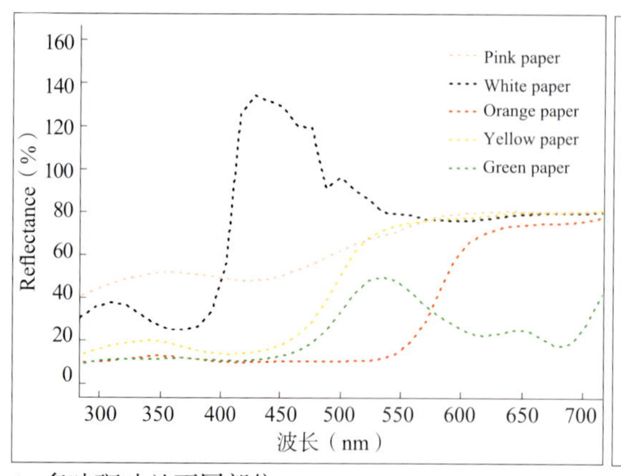

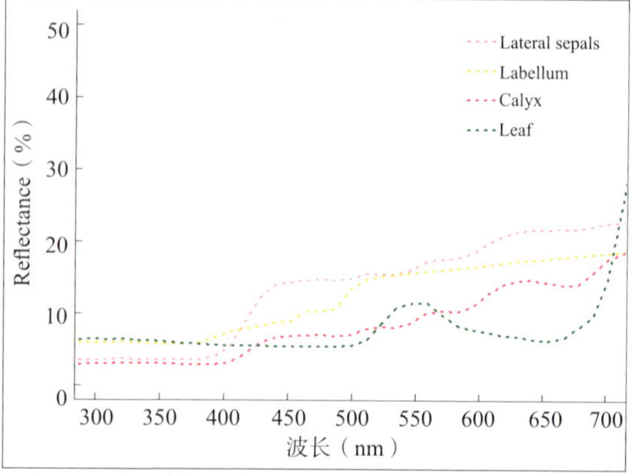

A. 多叶斑叶兰不同部位

B. 用于生物测定的彩纸

图5.23　平均光谱反射

说明这2个部位的颜色都是混合色。唇瓣有2个反射率最大峰，其对应的波长分别是470nm和520nm。叶片有1个最大峰，其对应的波长是550nm。

5.2.13　花蜜中糖类、花颜色和花气味的模拟实验

5.2.13.1　花蜜中糖类对传粉昆虫的吸引

统计橘尾熊蜂对不同糖类处理橡皮泥假花的访问次数，结果见表5.11所列。通过比较可知，橘尾熊蜂对果糖、葡萄糖、蔗糖以及3种糖混合溶液处理的花的访问次数均较高，且依次增加，对水处理的花的访问次数最少。

5.2.13.2　花颜色对传粉昆虫的吸引

统计中华蜜蜂与橘尾熊蜂对不同颜色假花的访问次数，结果见表5.12所列。通过比较可知，中华蜜蜂对黄色、白色、橙色假花的访问次数较高，对粉色和绿色假花的访问次数较少。橘尾熊蜂对橙色、黄色、白色假花的访问次数较高，对粉色和绿色假花的访问次数也较少。

5.2.13.3　花气味对传粉昆虫的吸引

统计中华蜜蜂与橘尾熊蜂对不同试剂处理的橡皮泥假花访问次数，结果见表5.13所列。通过比较可知，中华蜜蜂对3-辛醇、*N*, *N*-二甲基甲酰胺：1-辛烯-3-醇：3-辛醇=1：2：4的混合溶液、1-辛烯-3-醇处理的假花访问次数较高，对*N*, *N*-二甲基甲酰胺和水处理的假花访问次数较少。橘尾熊蜂对*N*, *N*-二甲基甲酰胺：1-辛烯-3-醇：3-辛醇=1：2：4的混合溶液、3-辛醇处理的假花访问次数较高，对1-辛烯-3-醇和水处理的假花访问次数较少。

表5.11　橘尾熊蜂对不同糖类处理的橡皮泥假花访问次数

糖种类	葡萄糖	果糖	蔗糖	3 种糖混合	水
访问次数	18	15	21	31	5

表5.12　传粉昆虫对各颜色假花访问次数

假花颜色	白色	黄色	粉色	橙色	绿色
中华蜜蜂访问次数	13	20	5	9	4
橘尾熊蜂访问次数	7	12	4	14	3

表5.13　传粉昆虫对不同试剂处理的橡皮泥花访问次数

试剂	N, N- 二甲基甲酰胺	1- 辛烯 -3- 醇	3- 辛醇	N, N- 二甲基甲酰胺：1- 辛烯 -3- 醇：3- 辛醇 =1 ：2 ：4	水
中华蜜蜂访问次数	6	12	26	21	5
橘尾熊蜂访问次数	11	9	30	34	6

5.2.14　花蜜中糖类、花颜色和花气味的飞行箱实验

5.2.14.1　花蜜中糖类对传粉昆虫的吸引

在多叶斑叶兰花蜜中糖类对橘尾熊蜂的飞行箱实验中，葡萄糖、果糖、蔗糖与糖混合溶液诱导昆虫访花次数显著增加，说明其对橘尾熊蜂均有很强的吸引作用。对不同糖溶液诱导访花次数进行比较，对橘尾熊蜂的吸引力大小依次为：糖混合溶液>蔗糖>葡萄糖>果糖（图5.24）。

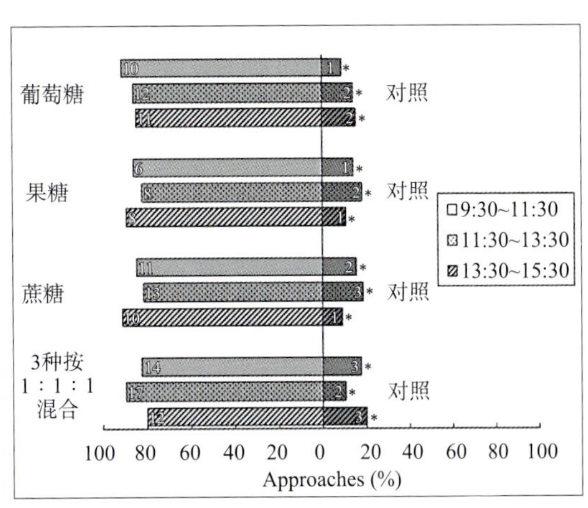

图5.24　多叶斑叶兰花蜜中的糖类对橘尾熊蜂吸引的行为反应

注：n.s.表示$P > 0.05$, *表示$P < 0.05$, **表示$P < 0.001$。下同。

5.2.14.2　花颜色对传粉昆虫的吸引

在多叶斑叶兰花颜色对中华蜜蜂和橘尾熊蜂的飞行箱实验中，多叶斑叶兰花序的颜色诱导昆虫访花次数显著增加，说明花序颜色对中华蜜蜂和橘尾熊蜂均有很强的吸引作用；白色、橙色与黄色假花诱导昆虫访花次数显著性增加，而粉色和绿色假花对昆虫访花没有吸引作用，说明白色、橙色与黄色对中华蜜蜂和橘尾熊蜂均有很强的吸引作用。对不同颜色诱导访花次数进行比较，对中华蜜蜂的吸引力大小依次为黄色>白色>花序颜色>橙色（图5.25-A），而对橘尾熊蜂的吸引力大小依次为黄色>橙色>花序颜色>白色（图5.25-B）。

5.2.14.3　花气味对传粉昆虫的吸引

在多叶斑叶兰花气味对中华蜜蜂和橘尾熊蜂的飞行箱实验中，与对照组相比，访花次数均明显增加，说明花序气味对上述2种蜂均有很强的吸引作用；在化学试剂诱导吸引昆虫的实验中，3-辛醇对上述2种蜂有吸引作用，而N, N-二甲基甲酰胺则无吸引作用；1-辛烯-3-醇对中华蜜蜂有很强的吸引作用，而对橘尾熊蜂无吸引作用。对访花次数进行比较，发现对中华蜜蜂的吸引力大小依次为3-辛醇>花序气味>3种试剂混合溶液>1-辛烯-3-醇（图5.26-A），而对橘尾熊蜂的吸引力大小则为3-辛醇>3种试剂混合溶液>花序气味（图5.26-B）。

5.2.15　昆虫视觉的颜色空间模型

经计算，欧几里得距离D(唇瓣–橙纸)=0.031, D(唇瓣–黄纸)=0.002, D(侧萼片–白纸)=0.029, D(侧萼片–粉纸)=0.054, D(中萼片–白纸)=0.002, D(中萼片–粉纸)=0.025, D（叶片–绿纸）=0.033。在绝对条件下（D<0.04），膜翅目昆虫不能有效区分多叶斑叶兰唇瓣与人工生物测定的橙纸和黄纸、侧萼片与白纸、中萼片与白纸和粉纸、叶片与绿纸；而在相对条件下（D<0.11），膜翅目昆虫不能有效区分唇瓣与橙纸和黄纸、侧萼片与白

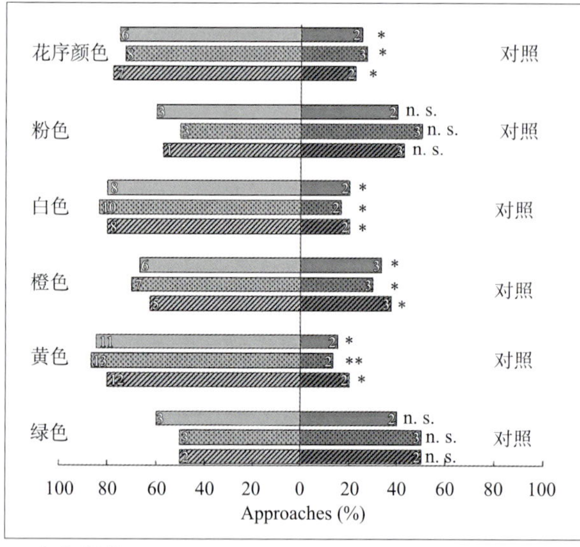

A. 中华蜜蜂

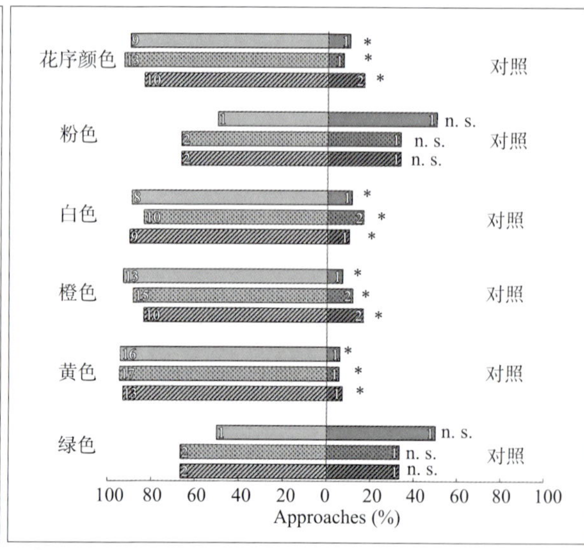

B. 橘尾熊蜂

图5.25　多叶斑叶兰花序颜色对中华蜜蜂和橘尾熊蜂吸引的行为反应

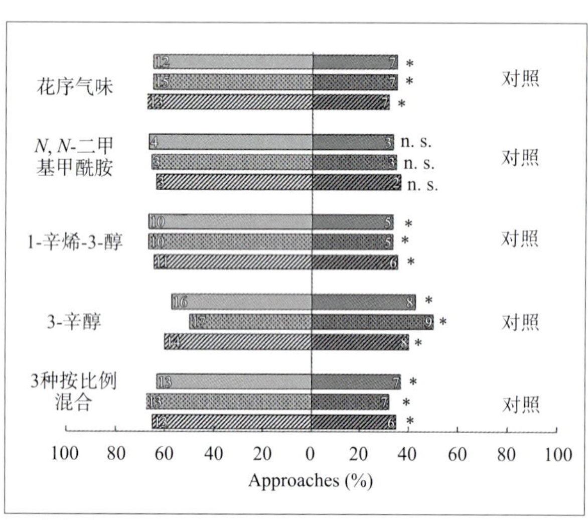

A. 中华蜜蜂

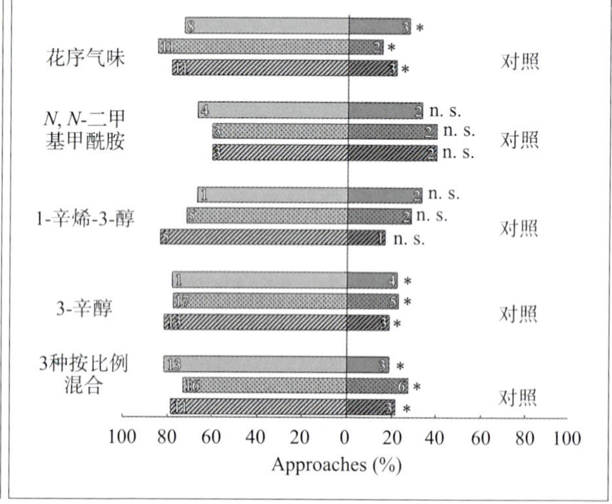

B. 橘尾熊蜂

图5.26　多叶斑叶兰花序气味对中华蜜蜂和橘尾熊蜂吸引的行为反应

纸和粉纸、中萼片与白纸和粉纸、叶片与绿纸（图5.27）。

5.2.16　繁殖系统

5.2.16.1　胚的发育观察

自然结实种子含大胚的比例较高（83.91%±11.04%），显著高于自花授粉种子含大胚的比例（69.37%±7.70%，*P*= 0.01），与同株异花授粉及异株异花授粉种子含大胚的比例无差异（80.08%±5.70%，*P*=0.379；89.73%±5.55%，*P*=0.222；图5.28-A）。自然结实种子含小胚的比例低（3.37%±2.25%；*n*=15），显著低于自花授粉与同株异花授粉种子含小胚的比例（15.76%±3.03%，*P*=0.001；9.24%±4.22%，*P*=0.002），与异株异花授粉种子含小胚的比例无差异（5.03%±2.19%，*P*=0.160；图5.28-B）。自然结实种子流产胚比例较高（10.07%±9.12%；*n*=15），与同株同

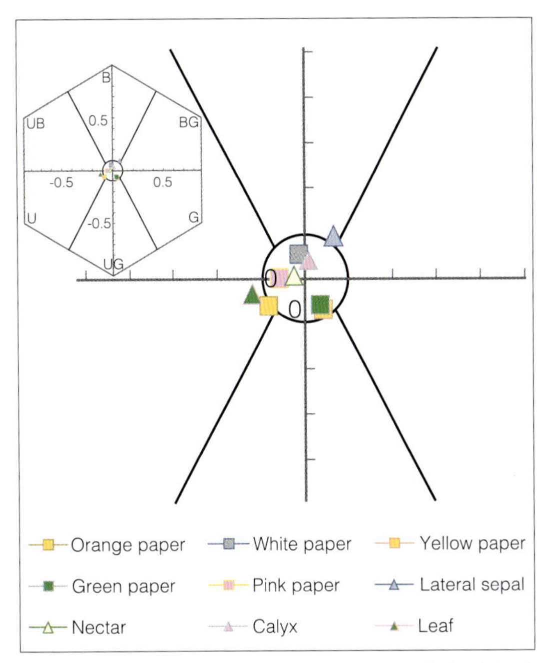

图5.27　蜂类视觉颜色空间六边形模型中多叶斑叶兰不同部位及人造假花色位点

花及同株异花授粉种子流产胚的比例无差异（7.20%±3.91%，P=0.414；6.81%±2.83%，P=0.256），与异株异花授粉种子流产胚的比例无差异（3.32%±3.51%，P=0.073；图5.28-C）。自然结实种子空胚比例较低（2.65%±3.16%），显著低于自花授粉种子空胚的比例（7.66%±3.09%，P=0.008），与同株异花授粉及异株异花授粉种子空胚的比例无差异（3.87%±2.40%，P=0.220；1.92%±1.59%，P=0.441；图5.28-D）。近交衰退指数（δ）为0.2269。

5.2.16.2　种子活力检测

自然结实种子约有一半出现红色胚（46.96%±8.84%），显著高于自花授粉种子出现红色胚的比例（35.40%±5.68%，P=0.001），与同株异花授粉种子出现红色胚的比例无差异（41.49%±5.15%，P=0.164），

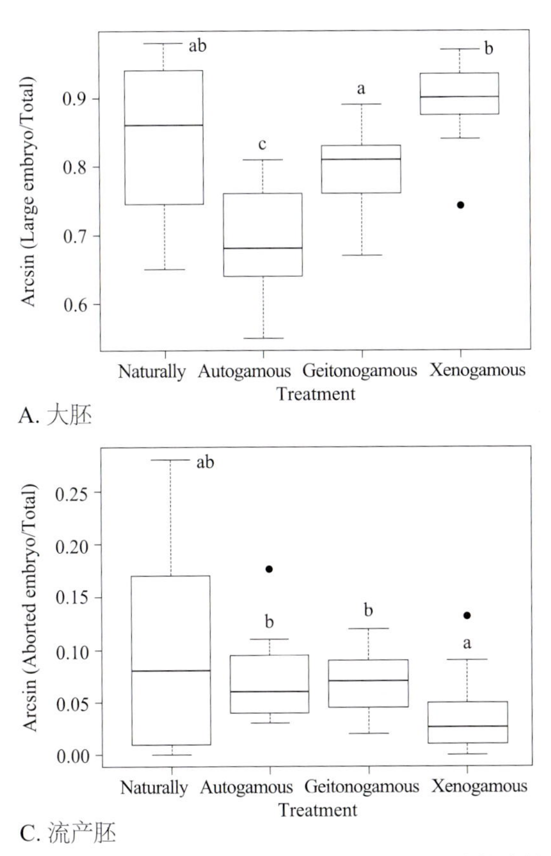

A. 大胚

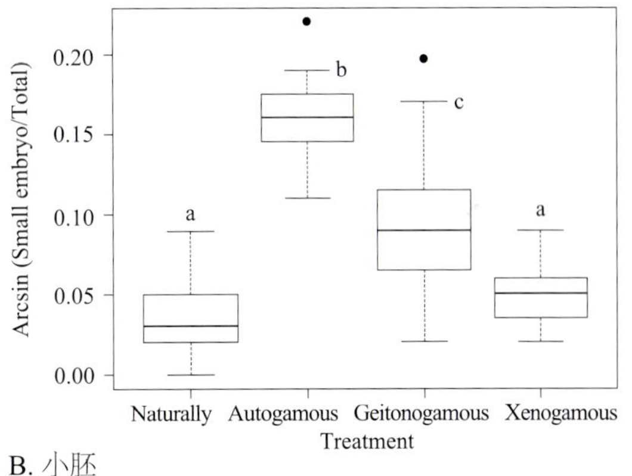

B. 小胚

C. 流产胚

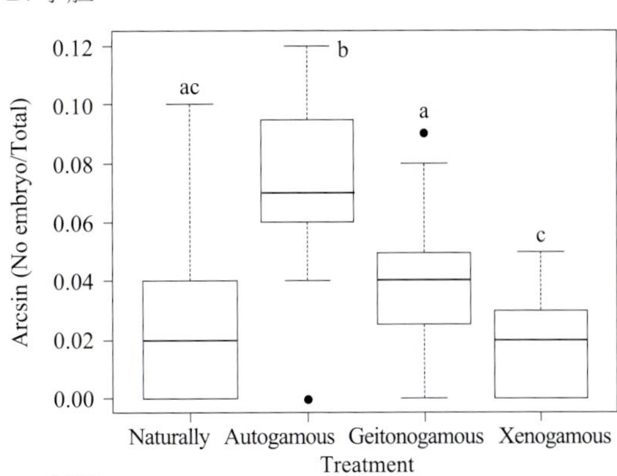

D. 空胚

图5.28　不同授粉方式与自然结实种子胚形态的比较

注：所有小写字母表示差异显著（P < 0.05）。

显著低于异株异花授粉种子出现红色胚的比例（54.29%±5.19%，P=0.025；图5.29-A）。自然结实种子粉色胚的比例（10.39%±4.63%；n=15），与自花授粉、同株异花授粉种子粉色胚的比例无差异(12.63%±3.62%，P=0.333；7.87%±3.22%，P=0.181)，显著低于异株异花授粉种子粉色胚的比例（6.43%±2.44%，P=0.009；图5.29-B）。自然结实种子未染上色或出现空胚的比例较低（42.65%±8.85%），显著低于自花授粉种子未染上色或空胚的比例（54.60%±7.38%，P=0.002），与同株异花授粉以及异株异花授粉种子未染上色或空胚的比例无差异（50.11%±5.68%，P=0.09；39.28%±5.82%，P=0.334；图5.29-C）。

5.2.16.3　种子无菌培养

无菌培养约15d后，种子吸水膨胀，胚细胞逐渐膨大，种子开始萌发。自然结实获得的种子萌发率为66.60%±8.07%，自花授粉的种子萌发率为45.21%±5.46%，同株异花授粉的种子萌发率为60.46%±4.78%，异株异花授粉的种子萌发率为73.81%±8.39%。结果表明，不同授粉方式的种子均可萌发，但自花授粉的种子萌发率较低，且萌发过程相对较长；异株异花授粉种子萌发率较高，且萌发所需时间较短。方差分析表明（图5.30），自然结实种子其萌发率与同株异花授粉及异株异花授粉种子萌发率差异不显著（P=0.057；P=0.039），但与自花授粉种子萌发率差异显著（P<0.001）。

无菌培养30d后，胚细胞继续膨大，突破种皮，形成幼小的原球茎（图5.31-1～4）；60d后，原球茎分化，叶原基发育成芽（图5.31-5～8）；90d后，叶芽继续发育，展开形成幼叶（图5.31-9～12）；120d后，茎不断伸长，叶片长大，根开始出现，形成幼苗（图5.31-13～16）；150d后，茎和根不断伸长，叶增多（图5.31-17～20）；在上述的各个时期中，自花授粉较其他授粉方式的种子在无菌培养时生长发育相对缓慢。

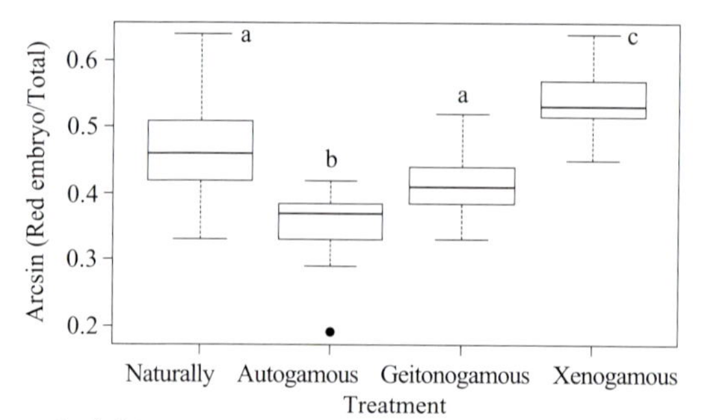

A. 红色胚

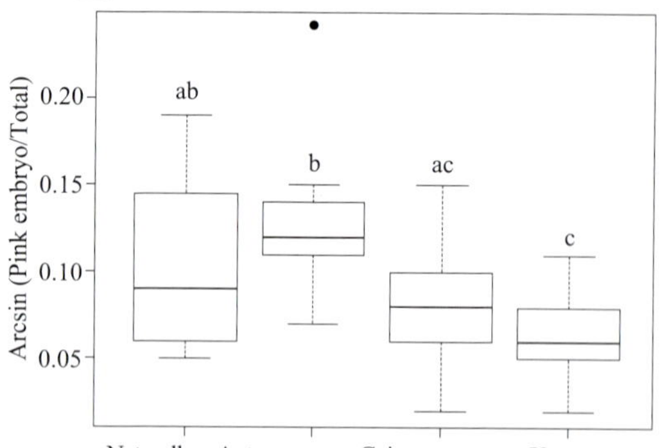

B. 粉色胚（或部分染色胚胎）

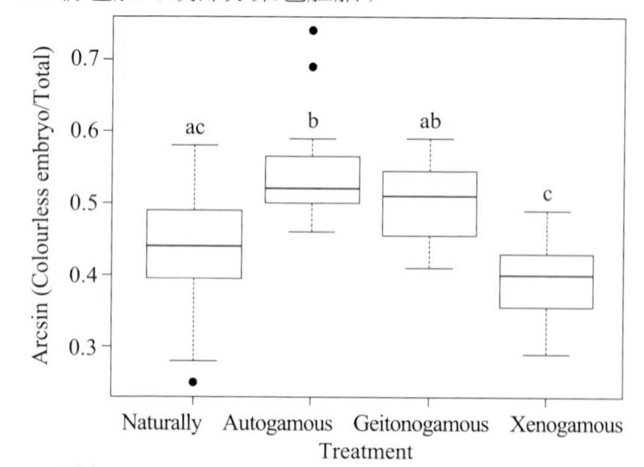

C. 无色胚

图5.29　不同授粉方式与自然结实种子的胚存活率

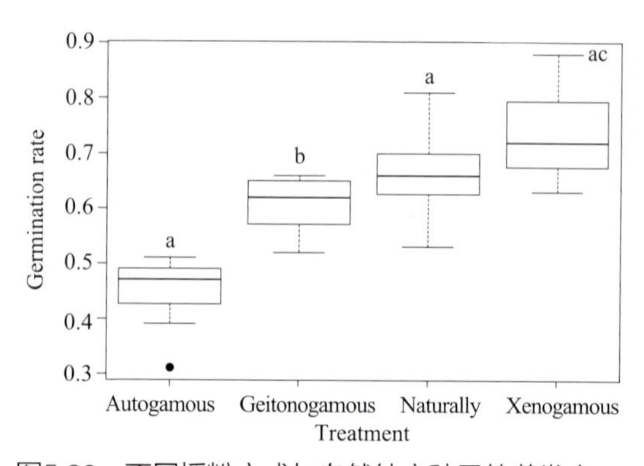

图5.30　不同授粉方式与自然结实种子的萌发率

5.2.16.4　茎段扦插增殖

接种后15d，茎段腋芽位置开始出现白色嫩芽。继续进行培养，嫩芽变大伸长，芽数逐渐增多。在45d后新芽全部转为绿色，长3.0cm（图5.32-1～4）。6-BA与NAA组合诱导培养45d后的结果如表5.14所列，其中组别6茎段诱导丛生芽效果最好，其诱导系数为2.31 ± 0.18。根据极差分析K值，最佳实验组合为：1.5mg/L 6-BA + 1.0mg/L NAA。6-BA与NAA对茎段诱导丛生芽影响的主次顺序为：6-BA>NAA。

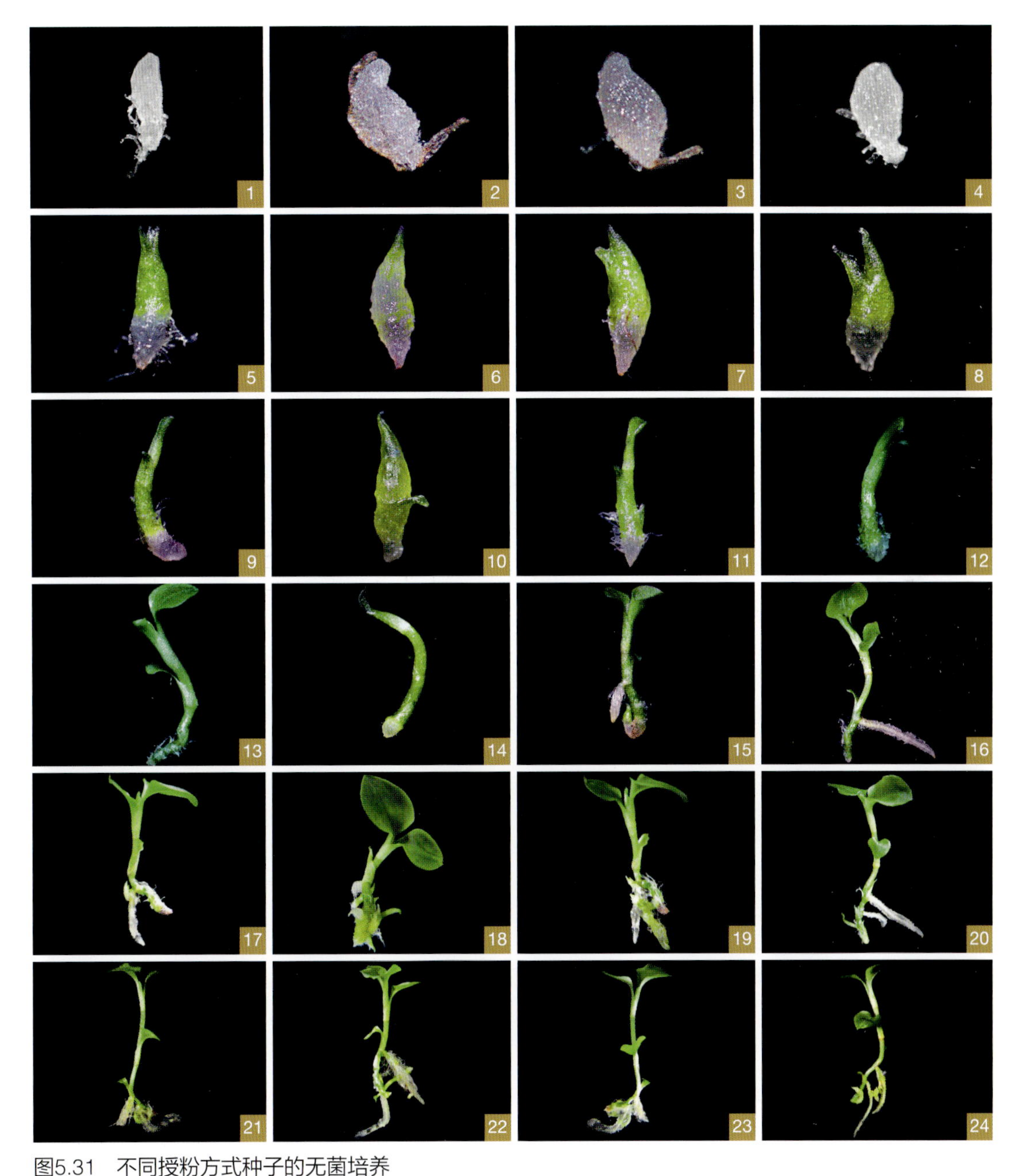

图5.31　不同授粉方式种子的无菌培养

1～4. 培养30d　5～8. 培养60d　9～12. 培养90d　13～16. 培养120d　17～20. 培养150d　21～24. 培养180d　1、5、9、13、17和21. 自然结实　2、6、10、14、18和22. 自花授粉　3、7、11、15、19和23. 同株异花授粉　4、8、12、16、20和24. 异株异花授粉

5.2.16.5 顶芽扦插增殖

接种后15d，顶芽基部开始出现腋芽。继续进行培养，腋芽变大伸长，芽数逐渐增多，同时基部也开始出现不定根，在45d后新芽长至3.0cm（图5.32-5～8）。6-BA与NAA组合诱导培养45d后的结果如表5.15所列，其中组别6顶芽诱导丛生芽效果最好，其诱导系数为4.17±0.18。

图5.32　多叶斑叶兰扦插增殖

1～4. 茎段扦插增殖　5～8. 顶芽扦插增殖

表5.14　6-BA、NAA对多叶斑叶兰茎段扦插增殖的影响

组别	6-BA(mg/L)	NAA(mg/L)	诱导系数	组别	6-BA(mg/L)	NAA(mg/L)	诱导系数
1	0.5	0.2	0.91±0.04	8	2.5	0.5	1.47±0.06
2	0.5	0.5	1.12±0.07	9	2.5	0.8	1.62±0.08
3	0.5	0.8	1.23±0.14	K_1	1.09	1.26	
4	1.5	0.2	1.68±0.16	K_2	2.04	1.57	
5	1.5	0.5	2.13±0.24	K_3	1.43	1.72	
6	1.5	0.8	2.31±0.18	R	0.95	0.46	
7	2.5	0.2	1.19±0.09	主次顺序	1	2	

注：K_1、K_2、K_3分别为每个因素每个水平的平均值，R为极差。

表5.15　6-BA、NAA对多叶斑叶兰顶芽扦插增殖的影响

组别	6-BA(mg/L)	NAA(mg/L)	诱导系数	组别	6-BA(mg/L)	NAA(mg/L)	诱导系数
1	0.5	0.2	1.83±0.06	8	2.5	0.5	2.84±0.04
2	0.5	0.5	2.05±0.03	9	2.5	0.8	3.27±0.03
3	0.5	0.8	2.43±0.07	K_1	2.10	2.33	
4	1.5	0.2	2.91±0.12	K_2	3.52	2.79	
5	1.5	0.5	3.49±0.23	K_3	2.79	3.29	
6	1.5	0.8	4.17±0.18	R	1.42	0.96	
7	2.5	0.2	2.26±0.08	主次顺序	1	2	

注：K_1、K_2、K_3分别为每个因素每个水平的平均值，R为极差。

根据极差分析K值，最佳实验组合为：1.5mg/L 6-BA+0.8mg/L NAA。6-BA与NAA对顶芽诱导丛生芽影响的主次顺序为：6-BA>NAA。

5.2.17　繁殖成功因素

5.2.17.1　植株特征对繁殖成功的影响

植株结实率与株高相关性不显著（F=0.032，P=0.503），与花序高、花朵数均呈显著性负相关（F=–0.138，P=0.004；F=–0.161，P=0.001）。植株花粉移出率与株高无显著性相关（F=–0.042，P=0.389），与花序高、花朵数均呈显著性负相关（F = –0.133，P=0.006；F=–0.162，P=0.001）。

多叶斑叶兰植株结实率与花序高和花朵数均呈显著性负相关，原因可能是：多叶斑叶兰的花序为总状花序，直立，昆虫沿着花序向上移动访花，由于访花疲劳，导致顶部结实较少；或者花朵自下而上次第开放，在顶部花朵作为“雌花”的时期，缺少有效传粉昆虫与花粉。

5.2.17.2　居群结构对繁殖成功的影响

居群结实率与居群大小、开花植株密度均呈显著性正相关（F=0.103，P=0.034；F=0.206，P<0.001），与到最近3个居群距离之和无显著性相关（F=–0.010，P=0.837）。居群花粉移出率与居群大小、开花植株密度均呈显著性正相关（F=0.142，P=0.003；F=0.266，P<0.001），与到最近3个居群距离之和无显著性相关（F=–0.056，P=0.245）。

多叶斑叶兰居群结实率与居群大小和开花植株密度呈显著性正相关，说明昆虫对花的展示表露出偏好。此外，传粉昆虫的行为可能受到多叶斑叶兰居群大小变化的影响，而其居群大小变化本身可能与开花植株密度有关。

5.2.17.3　环境因子对繁殖成功的影响

居群结实率与温度呈显著性正相关（F=0.237，P<0.001），与光照强度呈显著性负相关（F=–0.256，P<0.001），与湿度、海拔均无显著性相关（F=–0.088，P=0.068；F=0.086，P=0.076）。居群花粉移出率与海拔、温度均呈显著性正相关（F=0.107，P=0.027；F=0.344，P<0.001），与湿度、光照强度均呈显著性负相关（F=–0.224，P<0.001；F=–0.314，P<0.001）。

在一个居群中，兰科植物个体对传粉昆虫吸引力变化的一个潜在影响因素是它们所占据的微生境。在头蕊兰（*Cephalanthera longifolia*）的传粉生物学研究中，位于阴凉微生境的个体结实率连续两年比日照区低40%～50%。多叶斑叶兰居群结实率与温度呈显著性正相关，与光照强度呈显著性负相关，这可能与昆虫的生活习性相关。由于多叶斑叶兰一般生长在阴湿的林下，昆虫为逃避强烈日晒环境而进入林下，相对于日晒环境，林下环境能提供更为舒适的觅食条件。

大量研究表明，当前的环境因子会通过影响物种的生理生态功能进而影响物种分布。除此之外，生物间相互作用（如传粉）及物种扩散的能力也影响着物种分布。多叶斑叶兰为有回报兰科植物，这些报酬直接影响传粉昆虫的访花行为（其能够吸引到较多种类与数量的昆虫为其进行传粉），从而影响授粉质量与植物的繁殖成功率。多叶斑叶兰自然结实率高达43.3%，种子无菌培养萌发率达到66.6%，自然状态下，居群密集呈斑块状分布，而居群结构的特征同样又会对繁殖成功率产生影响。

综上所述，花蜜、昆虫传粉行为、居群结构等与繁殖之间的相互关系，是九连山多叶斑叶兰居群保持稳定的基础条件。

5.2.18　有回报传粉昆虫的多样性

大多数兰科植物都需要外部传粉媒介帮助其进行传粉，为它们传粉的动物包括蜂类、蝶类、蛾类、蝇类、鸟类和兽类等，其中仅膜翅目昆虫其传粉量就占了60%。兰科植物传粉昆虫的高特异性在欺骗性传粉中较为常见，大约60%的兰科植物只有1种传粉昆虫记录，有效传粉昆虫的专一性依赖于花与昆虫形态的高度耦合。有回报兰科植物一般能够吸引到较多的昆虫为其传粉，如有花蜜为报酬的绶草就有11种有效的传粉昆虫，宽药隔玉凤花（*Habenaria limprichtii*）也有4种昆虫帮助其传粉。多叶斑叶兰能够为昆虫提供花蜜作为报酬，通过观察，共发现4种形态、大小各异的昆虫能够为其进行传粉。由于不同昆虫的头部大小与口器长度不同，花粉块粘在昆虫口器的位置也各有差异，保证了形态各异的昆虫能够巧妙地与多叶斑叶兰的花结构相适应，达到传粉目的。

5.2.19 自交抑制与访花行为

多叶斑叶兰的花序为总状花序，花自下而上次第开放。在所有被报道的案例中，在花序底部的花结实率最高，从底部到花序顶部结实率逐渐下降。这种模式与传粉昆虫觅食行为有关，传粉昆虫沿着花序向上移动，以便寻找花蜜，在访问一些花后离开，从而导致位于顶部的花的授粉减少。

多叶斑叶兰自然结实种子大胚所占比例显著高于自花授粉的种子，与同株异花授粉及异株异花授粉的种子相比无差异，说明其自然结实的种子基本是昆虫同株异花与异株异花授粉的共同结果。出现这种情况的原因可能是多叶斑叶兰的花序为总状花序，同一花序中花朵不是同时开放，下部花先开放，昆虫访花时总是喜欢沿着花序向上爬，增加了下部花的授粉概率；也可能是居群密度较大、相邻开花植株距离较近，再加上多叶斑叶兰居群丛生，有匍匐茎，有较多的克隆植株，昆虫在进行表观的异株异花授粉时，其本质上还是属于同株异花授粉，增加了同株异花授粉频率。在盛花初期，蕊喙刚刚抬起，与唇瓣形式一个较小的角度，传粉昆虫只能将花粉块移出，此时为“雄花”；在盛花中期，蕊喙与唇瓣的开口达到最大，约呈30°，昆虫访花时其口器不能接触到黏盘，无法将花粉块带出，而带花粉块的昆虫访花时，花粉块能与位于合蕊柱下方的柱头接触，此时为“雌花”；此种结构能有效地避免自花授粉。多叶斑叶兰生长在林下，光线不足，同期有花蜜植物甚少，多叶斑叶兰必须提供相当可观的花蜜作为报酬，以鼓励昆虫觅食，但这可能以鼓励昆虫在更孤立但相容的基因型之间访花和觅食为代价，导致植物后代适合度降低。

5.2.20 传粉机制

花是被子植物重要的繁殖器官，开花传粉是被子植物繁殖的关键过程。花的报酬、颜色、气味、形态、排列方式、开花式样等在不同的物种中有着广泛的变异，为传粉昆虫提供了味觉、视觉和嗅觉上的感知线索，为植物和传粉昆虫的协同进化或弥散性进化提供了广阔的空间。多叶斑叶兰去雄和不去雄套袋都不能结实，自然结实率为43.3%，说明其不存在无融合生殖和自动自花传粉。一般欺骗性传粉的兰科植物的平均结实率为20.7%左右，而有回报兰科植物的平均自然结实率可高达37.1%。多叶斑叶兰的自然结实率高于有回报兰科植物的平均结实率，说明其对传粉昆虫的吸引力极强，可能存在多种吸引因素，如花蜜、花色和气味等。

一般情况下，在花蜜糖浓度低于8%时，蜜蜂不去采集或采集的积极性不高；糖浓度在8%以上时，蜜蜂才开始采集。若外界的蜜源丰富，蜜蜂一般要在糖浓度达到15%以上时才去采集。Baker（1982）根据花蜜中蔗糖、葡萄糖、果糖3种常见糖浓度之间的比值［蔗糖/（葡萄糖+果糖）］，将其划分为4种类型：蔗糖占优势（大于1.0）；富含蔗糖（0.5～1.0）；富含己糖（0.1～0.5）；己糖占优势（小于0.1）。花蜜中各种糖的成分在一定情况下能够反映出传粉昆虫特有的先天偏好。蜜蜂采集蔗糖、葡萄糖与果糖浓度比值为1∶1∶1的花蜜积极性更高；长吻蜂、蝶类、蛾类、蜂鸟和旧大陆蝙蝠一般喜欢富含蔗糖的花蜜植物；短吻蜂、蝇类、栖鸟类和新大陆蝙蝠喜欢富含己糖的花蜜植物。通过对多叶斑叶兰花蜜可溶性糖成分及糖浓度的测定，发现其花蜜中蔗糖/（葡萄糖+果糖）=2.96，蔗糖占优势，而一天内不同时间段花蜜的糖浓度为23.73%～25.85%，所以多叶斑叶兰能有效吸引各种蜂类、蝶类和蚁类昆虫访花，且积极性较高，而只有蜂类的口器等身体结构能够与花朵相吻合，使其成为有效传粉昆虫。在验证多叶斑叶兰花蜜可溶性糖对橘尾熊蜂吸引力差异的实验中，发现其对橘尾熊蜂的吸引力大小依次为：混合溶液（蔗糖∶葡萄糖∶果糖=1∶1∶1）>蔗糖>葡萄糖>果糖，这与已知研究相似，补充了相关的论证。

蜜蜂主要利用视觉（如颜色）和嗅觉（如气味）去寻找食物的来源和选择食物。一般来说，视觉和嗅觉线索会共同调节蜜蜂的行为，而且每个线索的相对重要性在不同的物种中也有一定差异。蜜蜂通常会使用视觉线索区分1个物种的有回报花朵和无回报花朵，嗅觉线索相比视觉线索在物种间的花朵辨别中起着主要的作用。例如，蜜蜂不能正确地识别不同科或属物种的相似花朵，而化合物的高度特异性或独特比例，使得花气味有着丰富的多样性，为传粉昆虫提供了巨大的信息量。越来越多的研究表明，蜜蜂通过花气味来区分花之间的差异，如不同植物花间的差异，花序内花朵间的差异，以及具有不同数量报酬（如花粉和花蜜）的花朵间的差异。

大多数兰科植物，其颜色是吸引传粉昆虫的主要因素，黄色是中华蜜蜂在觅食传粉时最喜爱的颜色。通过野外模拟实验和飞行箱实验，发现多叶斑叶兰花序的颜色能够有效吸引中华蜜蜂和橘尾熊蜂；白色、橙色与黄色的人造假花也对这2种蜂有很强的吸引作用，且黄色的吸引力最强。因此，多叶斑叶兰黄色的囊状唇瓣是有效吸引这2种蜂访花的主要视觉因素。花气味被认为是植物和昆虫之间进行复杂交流的关键信号，通过野外模拟实验和飞行箱实验发现，多叶斑叶兰花序的气味能够有效吸引中华蜜蜂和橘尾熊蜂，其中3-辛醇对这2种蜂有很强的吸引作用，所以多叶斑叶兰花朵散发的3-辛醇是有效吸引这2种蜂访花的主要嗅觉因素。

由于实验材料的客观限制（市场未有日本芦蜂和东亚无垫蜂的养殖，抓捕数目不能满足实验使用），目前没有对日本芦蜂与东亚无垫蜂的吸引机制进行研究；由于时间的限制，也没有进行花蜜中糖类对中华蜜蜂吸引机制的研究。在以后的实验里，将予以补充完善。

5.2.21　小结

有回报兰科植物与欺骗性兰科植物相比，能够吸引到更多种类与数目的昆虫为其传粉。多叶斑叶兰能够为昆虫提供花蜜作为报酬，通过观察，共发现4种形态、大小各异的昆虫能够为其传粉。由于不同昆虫头部大小与口器长度不同，花粉块粘在昆虫口器的位置也各有差异，保证了形态各异的昆虫能够巧妙地与多叶斑叶兰的花结构相适应，从而达到传粉目的。

黄色、橙色和白色的花色以及花散发出的3-辛醇、1-辛烯-3-醇是吸引中华蜜蜂访花并完成传粉的主要因素；而花蜜中的葡萄糖、果糖和蔗糖，黄色、橙色和白色的花色以及花散发出的3-辛醇是吸引橘尾熊蜂访花并完成传粉的主要因素。多叶斑叶兰平均结实率高于有回报兰科植物，主要原因可能是存在花蜜、花色和气味等多种对传粉昆虫有吸引力的因素。

多叶斑叶兰自然结实种子含大胚和流产胚的比例较高，小胚和空胚的比例较低；异株异花授粉种子活力较高，自花授粉种子活力较低。自然结实与不同授粉方式所获得的种子在相同的培养条件下均能萌发并形成植株，只是自花授粉较其他授粉方式获得的种子形成的小苗生长发育相对要缓慢些。

多叶斑叶兰除了走原球茎成苗途径之外，还能走丛生芽和无菌短枝扦插的成苗途径。茎段扦插增殖最佳实验组合为：1.5mg/L 6-BA+1.0mg/L NAA，其诱导系数为2.31 ± 0.18；顶芽扦插增殖最佳实验组合为：1.5mg/L 6-BA+0.8mg/L NAA，其诱导系数为4.17 ± 0.18。

植株结实率与花序高、花朵数均呈显著性负相关；结实率与居群大小、开花植株密度均呈显著性正相关；结实率与温度呈显著性正相关，与光照强度呈显著性负相关。说明居群大小、开花植株密度以及温度都是吸引昆虫访花的因素。

后续研究建议：一是开展同期开花植物花蜜糖浓度、可溶性糖成分及含量，以及花色和气味等方面对传粉昆虫的吸引机制研究；二是对传粉昆虫东亚无垫蜂与日本芦蜂的吸引机制进行研究；三是开展多叶斑叶兰花蜜中糖类对中华蜜蜂的吸引机制进行研究。

5.3 白肋翻唇兰

5.3.1 研究地概况及伴生植物

研究地位于江西最南端赣粤交界处的南岭腹地——九连山北坡，地理坐标为24° 32′ 05″～24° 31′ 14″ N、114° 27′ 46″～114° 27′ 43″ E，海拔600～650m。该地区年平均气温为16.4℃，1月平均气温为6.8℃，7月平均气温24.4℃；年平均降水量为2155.6mm，年平均蒸发量为790.2mm。具有冬暖夏凉的气候特点，气温、降水、日照呈典型的垂直分布。

主要伴生植物见表5.16所列，同期开花植物见表5.17所列。

5.3.2 开花物候及花的形态学特征

白肋翻唇兰主要生于透水性和保水性良好的倾斜山坡、路旁及石隙间，花期为8月下旬至9月下旬，居群花期持续约31d，单株花序花期为15d ± 2d，单朵花的花期为10d ± 2d，在整个花期内开花个体数目近似于正态分布（图5.33），花内无花蜜或脂类物质分泌，花凋谢7d后，明显能观察到子房膨大。

白肋翻唇兰花小、半张开，中萼与花瓣合生，淡红褐色，唇瓣兜状卵形，呈舟状，基部浅囊状（图5.34-1）。在自然状态下，花的开口极小（0.17～0.36mm，图5.34-2）；两个花粉块由药帽包裹在柱头的上方（图5.34-3）；人为地将花粉块放置在盛花期花的开口处（图5.34-4），花粉块的长度（0.53mm ± 0.039mm，n=30）和宽度（0.35mm ± 0.031mm，n=30）大于花的开口长度（0.36mm ± 0.034mm，n=30）和宽度（0.17mm ± 0.016mm，n=30），即花粉块很难进入花内完成授粉；在花生长发育过程中未发现柱头的自动伸长（图5.34-5），花开口到柱头的距离为1.57mm ± 0.10mm（n=30）（图5.34-6）。也就是说，在外力的作用下将花粉块移至花开口处，花粉块不能与合蕊柱相接触，并且在居群调查中未观察到药帽脱落，即使有花粉粒进入了花的开口处，也很难完成授粉。花的形态及解剖学特征如图5.34所示，花各部分组成的形态指标统计结果见表5.18所列。

表5.16　白肋翻唇兰居群伴生植物

习性	物种
常绿乔木	亮叶槭 *Acer lucidum* 赤杨叶 *Alniphyllum fortunei* 罗浮锥 *Castanopsis faberi* 红钩栲 *Castanopsis lamontii* 香樟 *Cinnamomum camphora* 肉桂 *Cinnamomum cassia* 杉木 *Cunninghamia lanceolata* 刺叶桂樱 *Laurocerasus spinulosa* 厚斗柯 *Lithocarpus elizabethae* 薄叶润楠 *Machilus leptophylla* 润楠 *Machilus pingii* 木莲 *Manglietia fordiana* 乐昌含笑 *Michelia chapensis* 深山含笑 *Michelia maudiae* 马尾松 *Pinus massoniana* 木荷 *Schima superba* 猴欢喜 *Sloanea sinensis* 毛山矾 *Symplocos groffii* 黄牛奶树 *Symplocos laurina*
落叶乔木	南酸枣 *Choerospondias axillaris* 黄檀 *Dalbergia hupeana* 枫香 *Liquidambar formosana* 山桐子 *Idesia polycarpa* 鹅掌楸 *Liriodendron chinense*
常绿灌木	柳叶毛蕊茶 *Camellia salicifolia* 秀柱花 *Eustigma oblongifolium* 常春藤 *Hedera nepalensis* 钝齿尖叶桂樱 *Laurocerasus undulata* 香叶树 *Lindera communis* 刺毛杜鹃 *Rhododendron championae* 草珊瑚 *Sarcandra glabra* 厚皮香 *Ternstroemia gymnanthera*
落叶灌木	八角枫 *Alangium chinense* 九节龙 *Ardisia pusilla* 白背叶 *Mallotus apelta* 盐肤木 *Rhus chinensis*
草本植物	花叶山姜 *Alpinia pumila* 细辛 *Asarum sieboldii* 台湾银线兰 *Anoectochilus roxburghii* 阴地蕨 *Botrychium ternatum* 贯众 *Cyrtomium fortunei* 对叶楼梯草 *Elatostema sinense* 多叶斑叶兰 *Goodyera foliosa* 箬竹 *Indocalamus tessellatus* 剪刀股 *Ixeris debilis* 淡竹叶 *Lophatherum gracile* 糯米团 *Memorialis hirta* 阔叶山麦冬 *Liriope platyphylla* 紫萁 *Osmunda japonica* 冷水花 *Pilea notata* 疏花长柄山蚂蝗 *Podocarpium laxum* 金线草 *Rubia membranacea* 一枝黄花 *Solidago decurrens* 狗脊 *Woodwardia japonica*
藤本植物	木通 *Akebia quinata* 广东蛇葡萄 *Ampelopsis cantoniensis* 清风藤 *Sabia japonica* 菝葜 *Smilax china* 络石 *Trachelospermum jasminoides*

表5.17　白肋翻唇兰同期开花植物

习性	物种
常绿灌木	柳叶毛蕊茶 *Camellia salicifolia*
草本植物	台湾银线兰 *Anoectochilus roxburghii* 金线草 *Antenoron iliforme* 对叶楼梯草 *Elatostema sinense* 多叶斑叶兰 *Goodyera foliosa* 阔叶山麦冬 *Liriope platyphylla* 淡竹叶 *Lophatherum gracile* 冷水花 *Pilea notata* 疏花长柄山蚂蝗 *Podocarpium laxum*

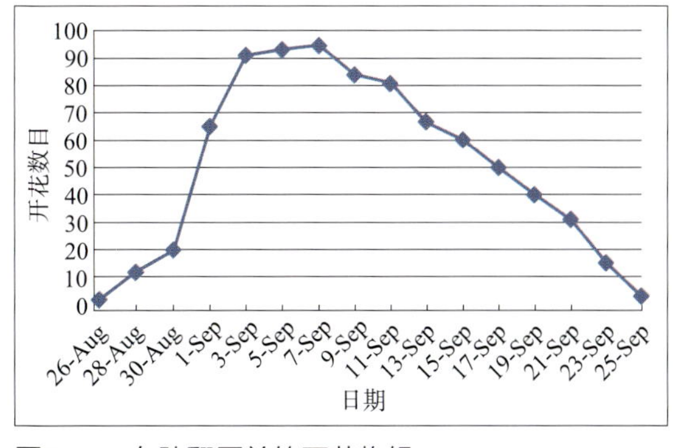

图5.33　白肋翻唇兰的开花物候

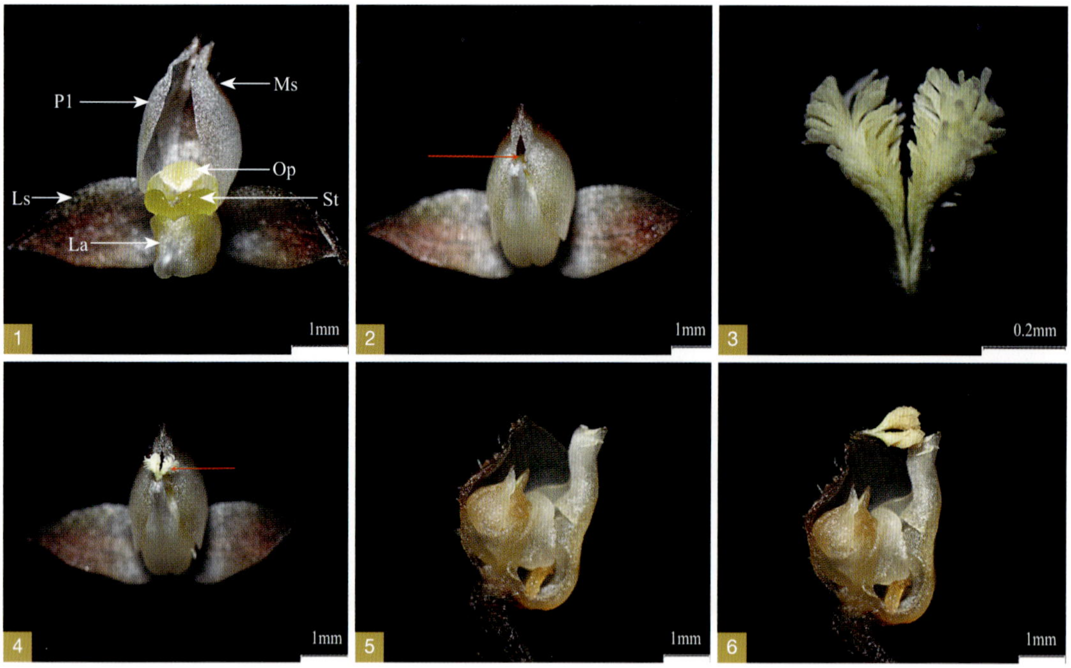

图5.34　花各部形态结构解剖

1. 人为展开的白肋翻唇兰结构（中萼Ms，侧萼Ls，花瓣Pl，唇瓣La，柱头St，药帽Op）　2. 花期花的开口　3. 花粉块　4. 将花粉块放在花开口处（花粉块大于花开口）　5. 体视显微镜下解剖的花朵侧面观　6. 花开口到柱头的距离

表5.18　白肋翻唇兰花形态学特征

项目	样本数	平均值（mm）	项目	样本数	平均值（mm）
花朵数目	30	14.80±3.91	唇瓣长	30	1.57±0.28
花序长	30	8.81±1.85	药帽长	30	1.52±0.18
中萼片长	30	3.79±0.95	药帽宽	30	0.75±0.19
中萼片宽	30	2.91±0.22	药帽高	30	0.54±0.12
侧萼片长	30	4.42±0.33	花开口长	30	0.36±0.034
侧萼片宽	30	2.26±0.25	花粉块长	30	0.53±0.039
花瓣长	30	3.41±0.30	花开口宽	30	0.17±0.016
花瓣宽	30	2.53±0.25	花粉块宽	30	0.35±0.031
唇瓣长	30	3.32±0.28	花开口到柱头的距离	30	1.57±0.10

5.3.3　花序的开花方式

通过对白肋翻唇兰的花序开花方式进行观察发现：花序轴顶部的花先开，然后依次向基部开放，并非为相关资料上描述的总状花序，如图5.35所示。

5.3.4　居群内花粉流量的调查

对8个居群进行花粉流量的调查及花的形态结构观察，结果显示：从第一朵花开至最后一朵花凋谢，花粉块和药帽均未移出，柱头上也未发现花粉块的移入，白肋

图5.35　白肋翻唇兰开花的先后顺序

1. 花蕾期　2. 花序最顶端的花盛开　3. 花序中部的花盛开　4. 花序中下部的花盛开　5. 花序基部的花盛开　6. 果实成熟期

翻唇兰在生殖过程中不存在外来基因的参与（表5.19）。

5.3.5　花粉活力与柱头可授性

花期内花粉活力检测结果见表5.20所列。不同花期的白肋翻唇兰花粉活力具有较大差异，其中花蕾期有活力花粉比例为20%；初花期有活力花粉比例为28%；盛花期有活力花粉比例最高，达到40%；凋谢期花粉活力最低，有活力花粉比例不足5%。白肋翻唇兰在整个开花时期其花粉活力均较低，如图5.36-3所示。

联苯胺-过氧化氢法检验柱头的可授性：反应溶液呈现深蓝色并伴有大量气泡出现表示柱头具有可授性，否则认为柱头没有可授性；气泡越多，表示可授性越强。白肋翻唇兰花柱头在花蕾期就具有了可授性，但可授性极低；随后在初花期和盛花期，柱头产生极少量的气泡，如图5.36-4和图5.36-5所示，可授性有少许提高，但与同期开花伴生兰科植物多叶斑叶兰相比差别很大，如图5.36-6所示；之后可授性出现显著性降低，直至凋谢期柱头完全不具有可授性。

5.3.6　花挥发性成分检测

对白肋翻唇兰单花不同花期的气味成

表5.19　不同居群白肋翻唇兰花粉块移入、移出情况

地点	坐标	海拔（m）	调查株数	调查花朵	移出数	移入数
石拱桥	（24° 34′ N，114° 25′ E）	439 ～ 450	83	1162	0	0
大水坑	（24° 31′ N，114° 25′ E）	719 ～ 736	23	368	0	0
冷水坑	（24° 34′ N，114° 27′ E）	438 ～ 504	33	561	0	0
小河仔	（24° 35′ N，114° 26′ E）	433 ～ 491	12	171	0	0
作晶坑	（24° 33′ N，114° 25′ E）	525 ～ 575	18	233	0	0
鹅公坑	（24° 26′ N，114° 27′ E）	435 ～ 475	22	352	0	0
白水寨	（24° 32′ N，114° 26′ E）	628 ～ 646	10	90	0	0
虾公塘	（24° 32′ N，114° 27′ E）	480 ～ 665	56	1064	0	0

表5.20　白肋翻唇兰不同花期的花粉活力与柱头可授性

花期	花粉活力 (%)	柱头可授性	花期	花粉活力 (%)	柱头可授性
花蕾期	20	+/–	盛花期	40	+/–
初花期	28	+/–	凋谢期	5	–

注：“+/–”表示柱头仅少部分具有可授性，“+”表示柱头具有较弱可授性，“++”表示柱头具有较强可授性，“–”表示柱头不具有可授性。

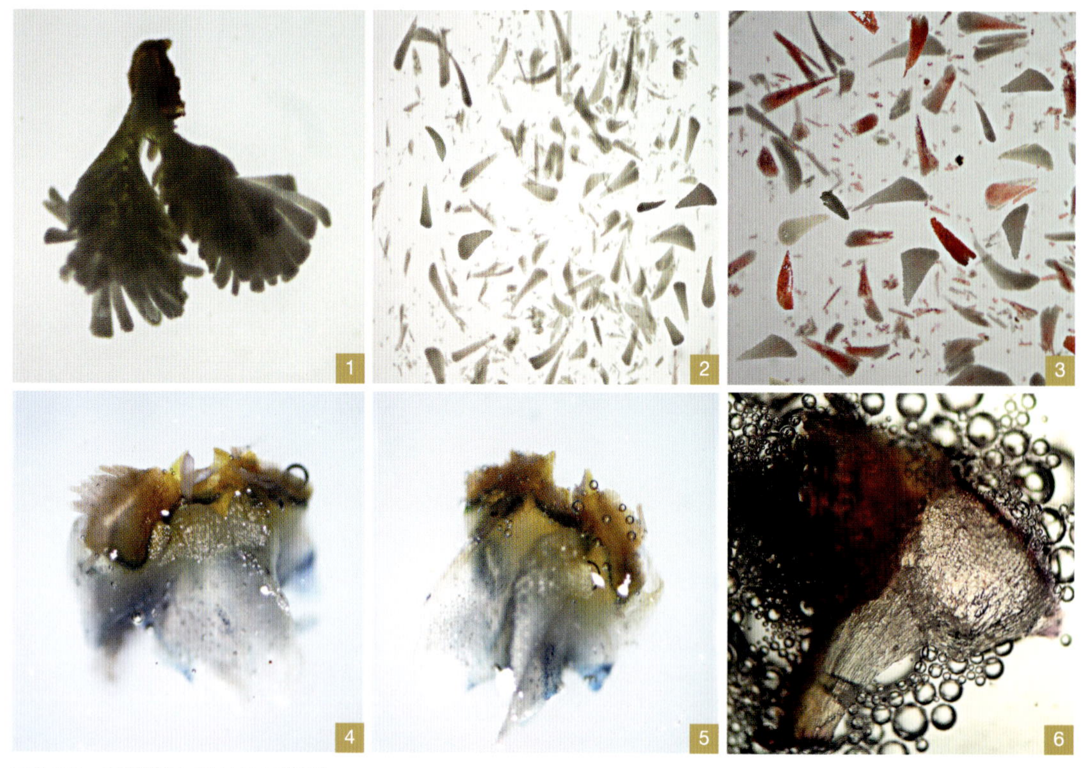

图5.36　花粉活力及柱头可授性

1. 花粉块的形态　2. 花粉粒的形态　3. 盛花期花粉粒的活性　4. 初花期柱头的可授性　5. 盛花期花粉粒的可授性　6. 盛花期多叶斑叶兰的柱头可授性

分进行测定，结果表明其单花花蕾期、盛花期和凋谢期的挥发性成分均主要为己醛和庚醛，相对含量无明显的变化，且二者无明显气味（图5.37）。

5.3.7　访花昆虫及其行为

在开花期内连续观察发现，共有2种昆虫访问过白肋翻唇兰：一种为蜂类，另一种为蚁类。二者在访花期间均未带出花粉块，也未发现携带花粉块访花的情况。它们在花内停留的时间都极短，为1～2s。

5.3.8　繁育系统

连续3年繁育系统研究结果见表5.21所列。

繁育系统研究结果显示：连续3年（2016—2018）去雄、去合蕊柱、自花授粉、同株异花授粉、异株异花授粉及套袋的结实率均接近100%，且6种不同处理方式的结实率与自然结实之间没有显著性差异（F=1.556，d.f.=6，P=0.175），表明白肋翻唇兰的生殖方式是无融合生殖且具有极高无融合生殖发生率。

5.3.9　胚囊及胚的发育

通过激光扫描共聚焦显微镜观察白肋翻唇兰胚囊及胚的发育，结果显示：在开花前6d，胚珠呈指状突起，形成胚珠原基（图5.38-1）；开花前3d，胎座上形成的胚珠原基体积增大，顶端的造孢细胞分化成孢原细胞（图5.38-2）；开花前1d，观察到胞原细胞的细胞体积迅速增大，细胞质浓，核仁明显，随后发育成大孢子母细胞（图5.38-3）；开花后1d，大孢子母细

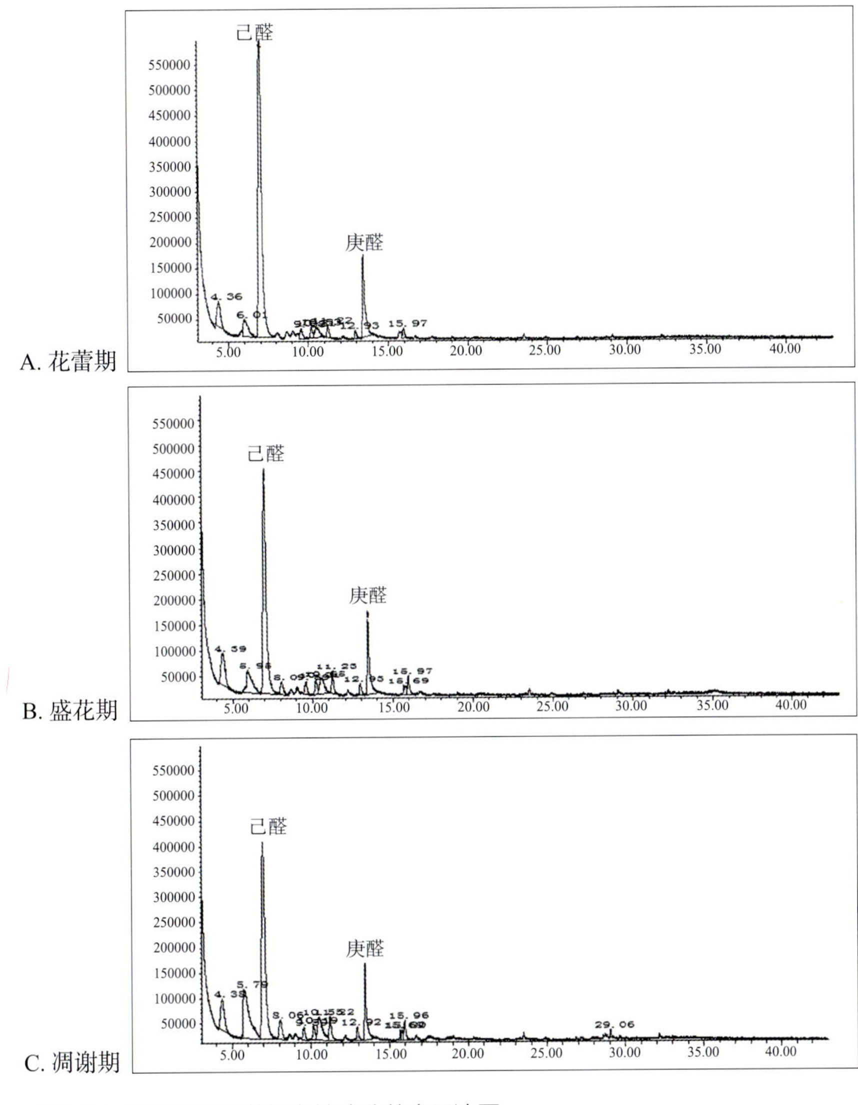

图5.37　不同花期的花挥发性成分总离子流图

表5.21　繁育系统比较

处理方式	处理数目	2016 年结实率（%）	2017 年结实率（%）	2018 年结实率（%）	均值（%）
去雄	30	100	100	100	100±0
去合蕊柱	30	93.3	100	100	97.8±3.87
自花授粉	30	100	96.7	96.7	97.8±1.91
同株异花授粉	30	100	96.7	100	98.9±1.91
异株异花授粉	30	100	96.7	100	98.9±1.91
套袋	30	100	96.7	96.7	97.8±1.91
自然结实	60	95	93.3	96.7	95.0±1.70

胞经过两次分裂直接形成直线排列的四分体（图5.38-4）；3d后，3个核退化，发育形成单核胚囊（图5.38-5），进而分裂形成二核胚囊（图5.38-6）；5d后，2个核分别同时进行一次分裂，发育成四核胚囊（图5.38-7）；7d后，4个核分别进行一次分裂形成八核胚囊，靠近珠孔端的有1个卵细胞和2个助细胞，合点端有3个反足细胞，中部有2个极核（一个中央细胞），至此胚囊发育成熟（图5.38-8）。

胚的生长发育是在花凋谢后进行的，2d后，白肋翻唇兰的胚囊已经发育成熟，卵细胞不断膨大，靠近珠孔端的两个助细胞逐渐退化（图5.38-9）；5d后，靠近珠孔端的两个助细胞完全退化，卵细胞质浓，体积增大（图5.38-10），随后中央极核完全消失，珠被细胞迅速延长，卵细胞逐渐发育形成原胚（图5.38-11）；10d后，3个

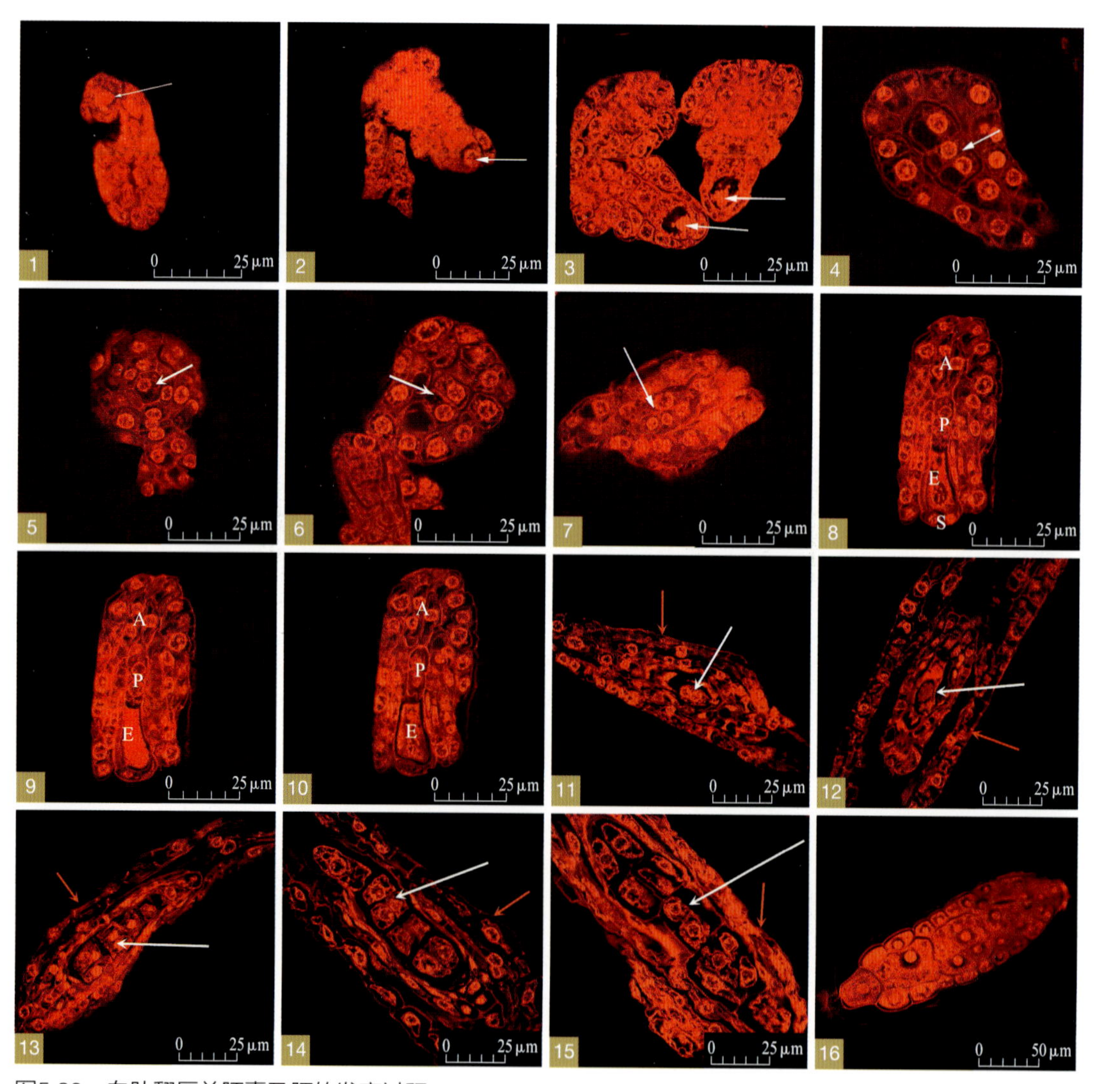

图5.38 白肋翻唇兰胚囊及胚的发育过程

1. 指状突起 2. 胞原细胞 3. 大孢子母细胞 4. 四分体 5. 单核胚囊 6. 二核胚囊 7. 四核胚囊 8. 八核胚囊 9. 两个助细胞逐渐退化 10. 助细胞完全退化，卵细胞继续膨大 11. 两个中央极核退化，卵细胞逐渐发育形成原胚 12～15. 3个反足细胞退化消失，原胚继续发育，胚囊被胚细胞填满 16. 发育完全的胚 A. 反足细胞 P.中央细胞 E. 卵细胞 S. 助细胞

反足细胞退化消失，原胚继续进行细胞分裂；15～35d，胚细胞不断进行分裂扩大，数量增多，胚囊被胚细胞填满，细胞核多而大（图5.38-12～15）；45d后，外种皮细胞死亡，胚完全发育成熟，呈长椭圆形（图5.38-16）。

综上，胚是卵细胞通过孤雌生殖发育而来的。

5.3.10　花粉管萌发

以自然状态下未授粉的柱头为对照，在柱头上未发现任何荧光（图5.39-1），子房内的胚珠也未发现有花粉管的进入（图5.39-2）；授粉8h后，柱头上有花粉刺激的荧光接收信号，花粉在柱头上萌发（图5.39-3），并且花粉管在合蕊柱中生长十分迅速，约经4h就能到达合蕊柱与子房交界处，此后，花粉管生长变慢；24h后，花粉管进入子房内（图5.39-4）；在授粉后24～96h，花粉管生长速度越来越慢，随着时间的推移，甚至停止生长，有的在末端出现弯曲现象。异花授粉96h后的胚珠与对照组的胚珠一致，未见花粉管进入胚珠（图5.39-5、6）。

5.3.11　染色体核型分析与倍型检测

5.3.11.1　染色体核型分析

野生居群中白肋翻唇兰染色体数目为2n= 24（图5.40-A），染色体形态如图5.40-B所示，核型模式图如图5.40-C所示，体细胞核型详细参数见表5.22所列，其核型公式为K=2n=24m，12对染色

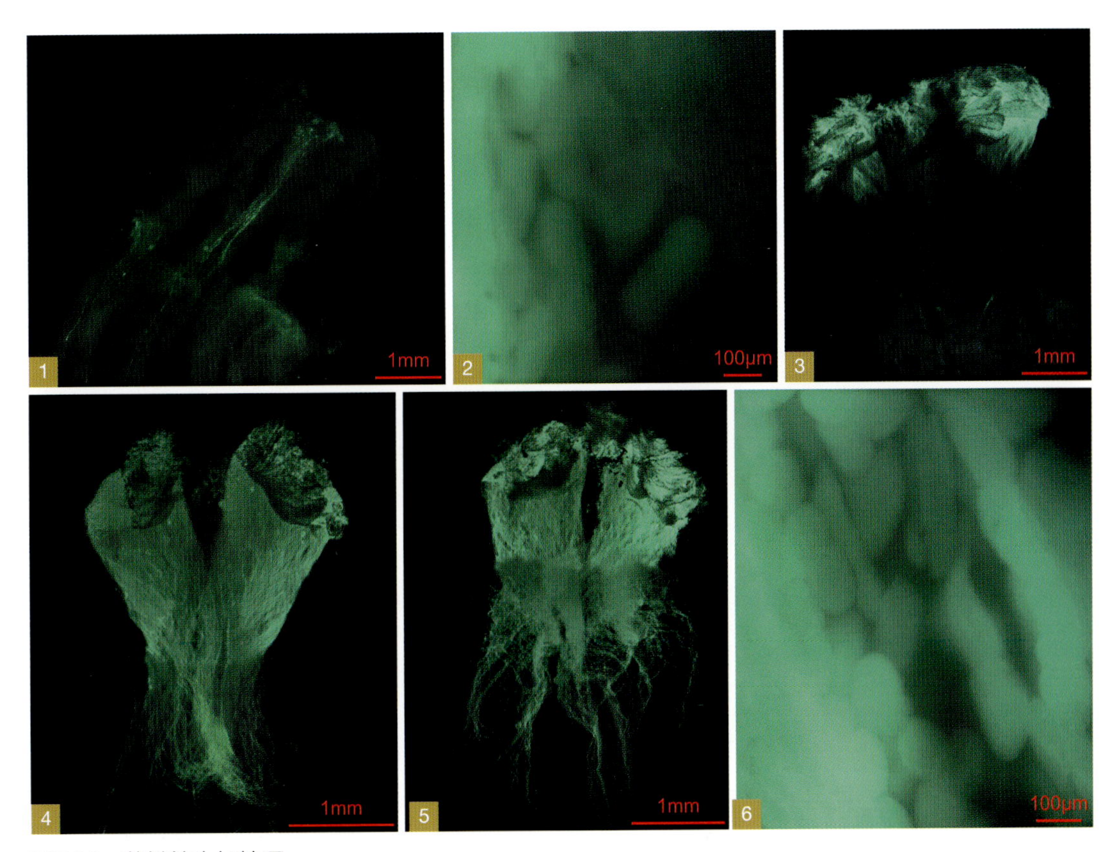

图5.39　花粉管生长情况

1. 自然状态下未受粉的柱头为对照　2. 自然状态下未受粉子房内的胚珠　3. 异花授粉后8h的花粉管　4. 异花授粉后24h的花粉管　5. 异花授粉后96h的花粉管　6. 授粉后96h未发现花粉管进入胚珠

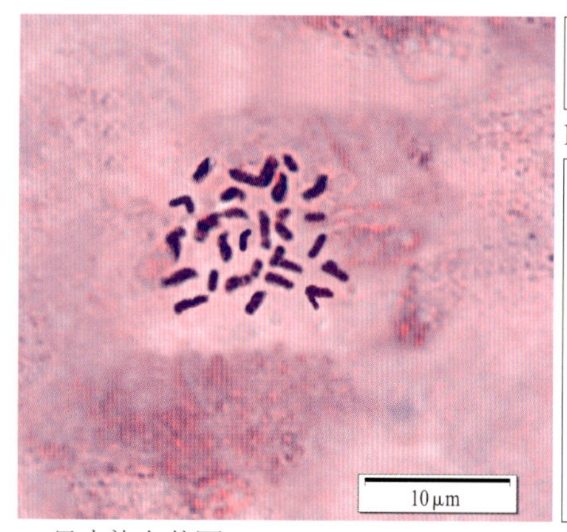

A. 母本染色体图

B. 母本染色体核型模式图

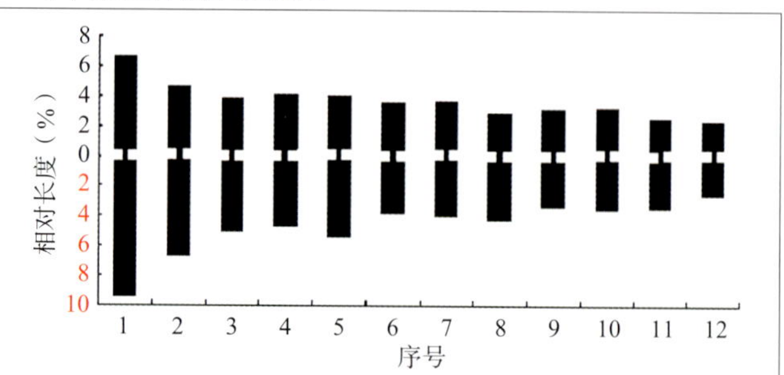

C. 母本核型模式图

图5.40　母代染色体形态及模式图

表5.22　白肋翻唇兰母本核型参数

序号	相对长度（%）（全长＝长臂＋短臂）	相对长度系数	染色体类型	臂比（长/短）	着丝点位置
1	16.01=9.37+6.64	1.96	L	1.41	m
2	11.27=6.62+4.65	1.35	L	1.42	m
3	8.93=5.01+3.92	1.07	M2	1.28	m
4	8.73=4.55+4.18	1.06	M2	1.08	m
5	9.32=5.28+4.04	1.02	M2	1.31	m
6	7.34=3.74+3.60	0.88	M1	1.04	m
7	7.65=3.88+3.77	0.92	M1	1.03	m
8	7.01=4.17+2.88	0.84	M1	1.41	m
9	6.47=3.29+3.18	0.78	M1	1.03	m
10	6.74=3.50+3.24	0.81	M1	1.08	m
11	5.98=3.39+2.59	0.72	S	1.31	m
12	4.80=2.45+2.35	0.58	S	1.04	m

体着丝点均位于中部，染色体长度大小范围在0.908～3.73μm，染色体组总长为38.32μm，单条染色体平均长1.597μm，长臂总长21.12μm，短臂总长17.20μm，最长染色体3.39μm，最短染色体0.90μm，最长染色体与最短染色体之比为3.77，臂比大于2的比例为0，属于1B型，较为对称。

7种不同授粉方式的F_1代染色体数目及形态基本一致，也为$2n=24$（图5.41-A），染色体形态如图5.41-B所示，核型模式图如图5.41-C所示，F_1代体细胞核型详细参数见表5.23所列，其核型公式为$K=2n=24m$，12对染色体着丝点均位于中部，染色体长度大小范围在0.842～2.502μm，染色体组总长为36.85μm，单条染色体平均长1.535μm，长臂总长19.91μm，短臂总长16.94μm，最长染色体2.502μm，最短染色体0.842μm，最长染色体与最短染色体之比为2.97，臂比大于2的比例为0，属于1B型，较为对称。

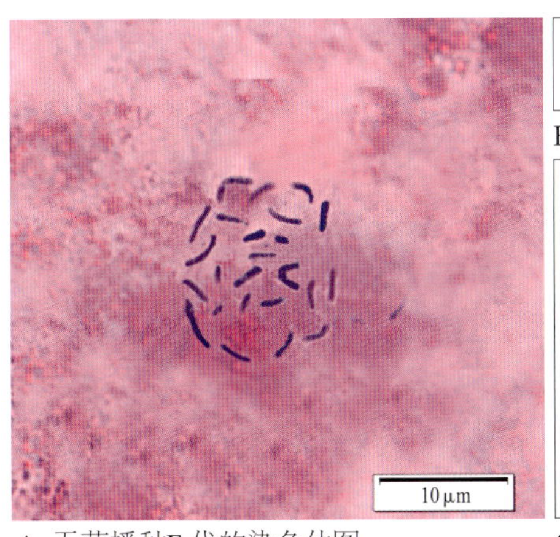

A. 无菌播种F_1代的染色体图

1 2 3 4 5 6 7 8 9 10 11 12

B. F_1代染色体模式图

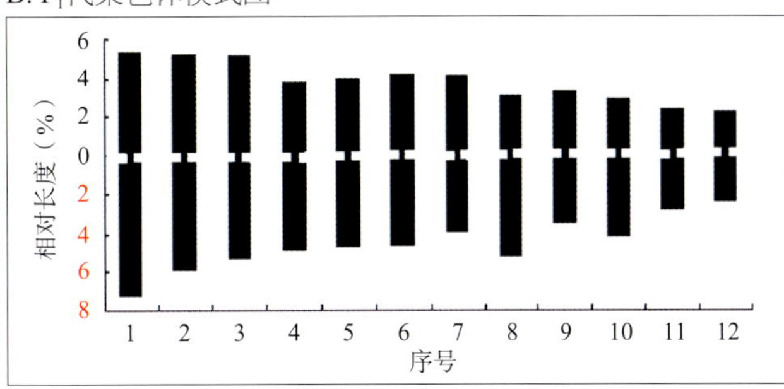

C. F_1代核型模式图

图5.41 F_1代染色体形态及模式图

表5.23 白肋翻唇兰F_1代核型参数

序号	相对长度（%）（全长 = 长臂 + 短臂）	相对长度系数	染色体类型	臂比（长 / 短）	着丝点位置
1	12.60=7.23+5.37	1.51	L	1.34	m
2	11.14=5.92+5.22	1.34	L	1.13	m
3	10.44=5.27+5.17	1.25	M2	1.02	m
4	8.68=4.88+3.80	1.04	M2	1.26	m
5	8.59=4.68+3.91	1.03	M2	1.20	m
6	8.87=4.61+4.26	1.07	M2	1.08	m
7	7.99=3.91+4.08	0.96	M1	1.04	m
8	8.49=5.19+3.10	0.99	M1	1.67	m
9	6.74=3.42+3.32	0.81	M1	1.03	m
10	7.01=4.13+2.88	0.84	M1	1.43	m
11	5.11=2.77+2.34	0.61	S	1.18	m
12	4.63=2.34+2.29	0.56	S	1.02	m

经过对母本和F_1代染色体核型分析发现，它们在染色体数目、类型、着丝点位置方面均一致。

5.3.11.2 流式细胞仪检测染色体倍型

以已知二倍体的母本为对照（图5.42-A），通过流式细胞仪检测7种不同授粉方式F_1代染色体的倍型，发现去雄的F_1代（图5.42-B）、去合蕊柱的F_1代（图5.42-C）、自花授粉的F_1代（图5.42-D）、同株异花授粉的F_1代（图5.42-E）、异株异花授粉的F_1代（图5.42-F）和套袋的F_1代（图5.42-G）染色体倍型均与母本保持一致，进一步确定了其倍型为二倍体。

5.3.12 种子活力、非共生无菌萌发与无融合生殖

TTC染色法统计分析结果显示：7种不同授粉方式的种子活力（图5.43-A1～A7）均在91%以上，且没有显著性差异(F=0.347，d.f.=6，P=0.909；表5.24)。

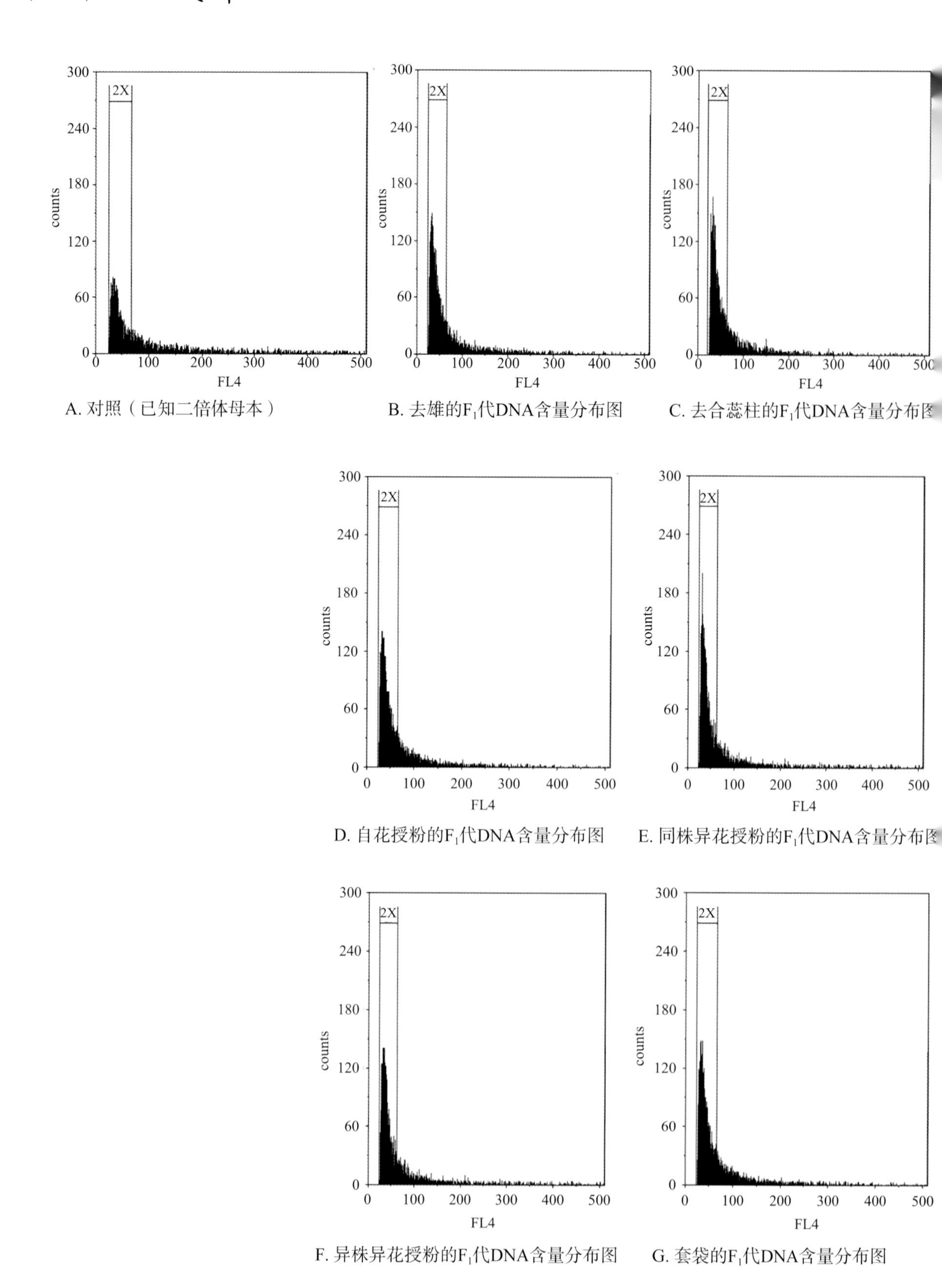

图5.42　不同授粉方式子代的DNA含量

7种不同授粉方式的种子萌发率（图5.43-B1～B7）也均在90%以上，且均无差异(F=0.480，d.f.=6，P=0.821；表5.24)；经过240d的无菌培养，7种不同授粉方式F_1代幼苗如图5.43-C1～C7所示，经过方差分析，株高(F=26.955，d.f.=6，P=2.246)、叶片数(F=0.814，d.f.=6，P=0.563)、叶长(F=1.718，d.f.=6，P=0.131)、叶宽(F=1.361，d.f.=6，P=0.244)、根数(F=1.120，d.f.=6，P=0.361)、根长(F=1.097，d.f.=6，P=0.374)等均无显著性差异；具体形态指标见表5.25所列。以上说明7种不同授粉方式的种胚均来源于无融合生殖。

5.3.13　分析与讨论

5.3.13.1　花部结构、繁育系统与无融合生殖

植物花部的形态结构特征与传粉昆虫的行为、传粉机制等密切相关。白肋翻唇兰花柱的可授性和花粉的活力很低，没有花蜜及脂类分泌物质，再加上其花粉块长、宽均大于花的开口，花粉块很难进入花内完成授粉，在花生长发育过程中未发现柱头的自动伸长，花开口到柱头的距离为1.57mm ± 0.10mm（n=30）。也就是说，在外力的作用下将花粉块移至花开口处，花粉块不能与合蕊柱相接触，并且在居群调查中未观察到药帽的脱落，即使有花粉粒进入了花的开口处，也很难完成授粉。兰科植物的形态结构通常与传粉昆虫具有高度适应性，所以观察与测量兰科植物花的形态对于判断其与传粉昆虫的适应性十分重要。

连续3年的繁育系统研究结果显示，不存在自动自花授粉的情况，7种不同处理的结实率均接近100%，且它们没有显著性差异。自然条件下兰科植物的结实率较低，为28%～41%，而导致结实率低的原因主要有传粉昆虫的缺失、花粉块数量的限制及缺少报酬等。白肋翻唇兰的高结实率说明其繁育不受传粉昆虫的限制及花粉块数量的限制。通过繁育系统实验可确定其生殖

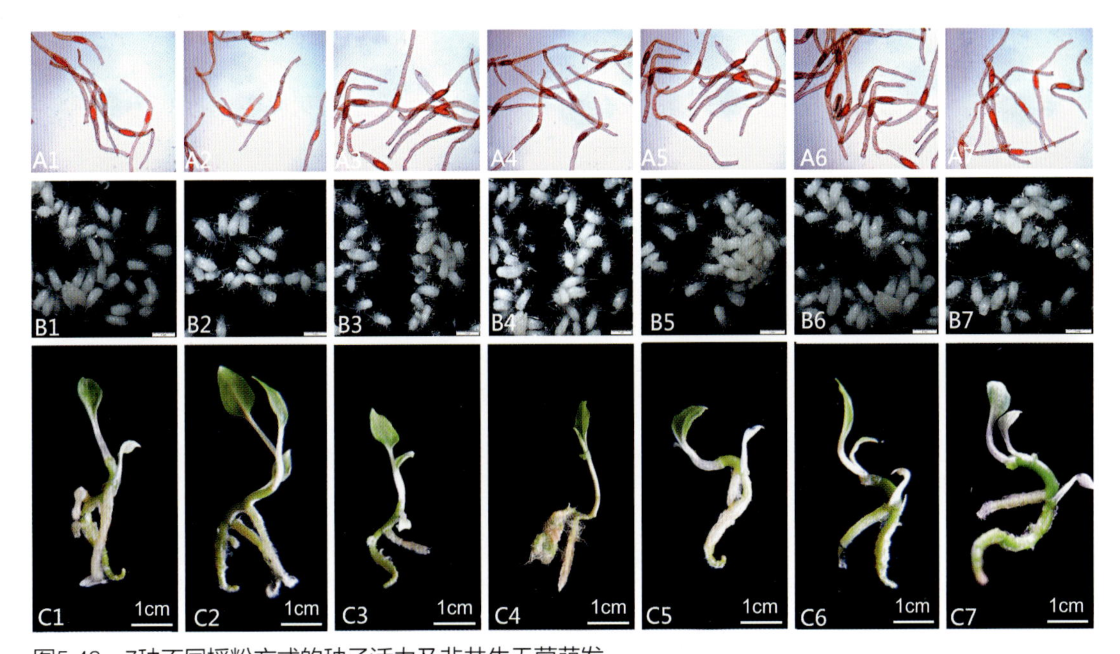

图5.43　7种不同授粉方式的种子活力及非共生无菌萌发

A1～A7. 7种不同授粉方式的种子活力　B1～B7. 7种不同授粉方式的种子萌发情况　C1～C7. 7种不同授粉方式的子代幼苗
1.自然结实　2.去合蕊柱　3.去雄　4.套袋　5.同株异花　6.异株异花　7.自花

表5.24 7种不同授粉方式的种子活力与萌发率

授粉方式	种子活力(%)	萌发率(%)
去雄	91.81±1.07	91.33±0.94
去合蕊柱	91.64±0.98	91.26±0.84
自花授粉	91.25±0.69	91.16±1.15
同株异花授粉	91.46±0.82	91.26±1.20
异株异花授粉	91.47±1.18	91.52±0.98
套袋	91.45±0.84	91.27±1.21
自然结实	91.56±0.92	90.75±1.14

表5.25 不同授粉方式F_1代的形态指标

处理方式	植株高(mm)	叶片数	叶长(mm)	叶宽(mm)	根数	根长(mm)
去雄	42.20±0.92	2.60±0.52	18.73±0.34	5.46±0.28	2.60±0.52	20.75±0.45
去合蕊柱	39.49±0.96	2.50±0.53	19.62±0.47	5.63±0.34	2.20±0.42	20.65±0.41
自花授粉	38.18±1.09	2.70±0.48	19.49±0.41	5.36±0.31	2.70±0.48	20.89±0.44
同株异花授粉	36.63±1.22	2.80±0.42	18.92±0.45	5.49±0.38	2.60±0.52	20.71±0.37
异株异花授粉	36.86±1.82	2.70±0.48	19.10±0.61	5.68±0.35	2.50±0.53	20.57±0.34
套袋	38.23±0.92	2.90±0.32	19.04±0.48	5.65±0.36	2.60±0.52	20.87±0.28
自然结实	37.37±1.02	2.60±0.52	19.20±0.49	5.63±0.27	2.40±0.52	20.87±0.30

方式为无融合生殖，且具有极高的无融合生殖发生率。

5.3.13.2 胚的发育与无融合生殖

胚囊的发育是植物生殖生物学研究的重要部分。在以前的研究中，常采用石蜡切片、整体透明法等观察胚囊中的大孢子母细胞、胚囊的形成及胚的发育。随着科学技术的进步，越来越多的人采用激光扫描共聚焦法观察胚囊的发育。2016年丁浩用石蜡切片法观察白肋翻唇兰胚囊的发育，发现大孢子母细胞经过分裂产生直线排列的四分体后，由靠近珠孔端的细胞发育成成熟的胚囊，其卵细胞在未受精的情况下发育形成。本研究在丁浩的基础上用激光扫描共轭显微镜对白肋翻唇兰胚囊及胚的发育进行了观察，不但进一步验证了胚囊发育的过程，还进一步观察到助细胞、极核及反足细胞的退化过程，发现胚是卵细胞通过孤雌生殖发育而来的，结合染色体核型分析与倍型检测，发现其母本及F_1代均是二倍体。是什么原因造成这种结果？笔者推测其大孢子母细胞在连续进行的二次分裂形成四分体时，没有进行减数分裂，胚囊发育方式为蝶须型，故卵细胞为二倍体，属二倍体孢子无融合生殖。这种发育过程与蝶须菊属（*Antennaria*）、拂子矛属（*Calamagrostis*）、泽兰属（*Eupatorium*）和早熟禾属（*Poa*）的二倍体孢子生殖相似。

在兰科植物无融合生殖中，存在许多的不定胚现象，如天麻属和绶草属的某些种，同时，也有许多的种存在多胚现象，如*Corunastylis apostasioides*和线柱兰等，但是不定胚在自然条件下通常不能发育成成熟的种子，也不能繁衍后代，而白肋翻唇兰胚的发育过程中既不存在不定胚，又不存在多胚现象，并且可以繁育后代。

5.3.13.3　花粉管生长与无融合生殖

本研究选择在盛花期进行异花授粉，观察了长达96h的花粉管生长情况，发现花粉在柱头上可以萌发，且在合蕊柱中生长迅速，但进入子房后，花粉管生长缓慢，甚至停止生长；授粉后24～96h，在花粉管的末端出现弯曲现象，未见花粉管进入胚珠。研究表明，大多数植物授粉后，花粉管能在24h之内就进入胚珠，通常木本植物比草本植物花粉管进入胚珠完成受精时间要长，大多数木本植物花粉管都是在授粉后48～72h进入胚珠完成受精，草本植物的花粉管只要24～30h就能进入胚珠完成受精。兰科植物为多年生草本植物，白肋翻唇兰花粉管96h后仍未能进入胚珠完成受精，表明其生殖过程中不需要受精就能结实，是一种无融合生殖现象。

通常来说，花粉是否萌发、花粉管是否进入子房和胚珠是判断是否受精成功的关键，白肋翻唇兰的花粉管在子房内停止生长，其尾端出现弯曲现象，可能是柱头或子房内存在某种物质阻止其继续生长，也可能是其内生理因素导致不能继续生长，是否由这些原因导致其生殖方式发生改变，还有待进一步研究。

5.3.13.4　核型分析及倍型检测与无融合生殖

核型分析（karyotype analysis）是对染色体进行测量、分组、配对及对其形态进行分析。染色体是遗传物质的载体，它保留了亲本的遗传物质，几乎承载着生物的全部遗传信息。对母本和子代进行染色体核型分析是鉴定无融合生殖必不可少的一步。2016年丁浩对白肋翻唇兰野生居群的母本及子代染色体数目进行了研究，发现白肋翻唇兰的母本及子代染色体数目均为24条。在此基础上，本研究对白肋翻唇兰母本及F_1代的染色体形态进行了观察，进一步验证了染色体数目，并对其核型进行了详细的分析，发现白肋翻唇兰的母本及F_1代染色体数目、类型、着丝点位置均一致，说明白肋翻唇兰为二倍体。

近年来，流式细胞仪是快速且最准确的鉴定染色体倍型的方法。它可以直接测定植物DNA的含量，从而快速鉴定染色体倍型。本研究发现，不同授粉方式下白肋翻唇兰F_1代的DNA含量相同，F_1代染色体的倍型均与母本保持一致，进步验证了白肋翻唇兰繁殖方式为无融合生殖。

5.3.13.5　种子活力及萌发率与无融合生殖

比较不同授粉方式的种子活力及萌发率是否存在差异性，是检测白肋翻唇兰生殖方式的途径之一。本研究中7种不同授粉方式的种子活力高达91%，萌发率高达90%以上，且无显著性差异，证明其种胚的来源是一致的，从另一个方面也佐证了胚来源于卵细胞的孤雌生殖，且不存在多胚和不定胚的现象。

通常专性无融合生殖会出现全部整齐一致的后代，无融合生殖的个体是高度纯合的，所以观察不同授粉方式的后代表型是否整齐一致是研究无融合生殖的重要指标之一。在本研究中，7种不同授粉方式的子代表现出整齐一致的性状，如株高、叶片数、叶长、叶宽、根条数及根长度等，且这些性状均无差异，进一步证明白肋翻唇兰的生殖方式属于专性无融合生殖。

5.3.14　小结

通过繁育系统研究验证了白肋翻唇兰无融合生殖的发生；通过花形态观察与花

粉流量的调查、胚囊及胚的发育观察、花粉管生长情况观察、7种不同授粉方式的种子活力与萌发率分析等，验证了其无融合生殖是专性的，胚是由卵细胞通过孤雌生殖发育而来的；通过染色体核型分析与倍型检测，发现其母本及7种不同授粉方式的F_1代均为二倍体，推测其胚囊发育方式为蝶须型，生殖方式为二倍体孢子无融合生殖。综上所述，白肋翻唇兰的生殖方式为二倍体孢子专性无融合生殖。

后续研究建议：本研究中观察了授粉后96h花粉管的生长情况，在花粉管的末端出现弯曲现象，未见花粉管进入胚珠。是什么原因导致其花粉管不能继续生长，还有待进行进一步研究。

5.4 橙黄玉凤花

5.4.1 研究地概况

主要考察地点为江西省赣州市龙南县大丘田一带，属中低山丘林地貌，位于桃江支流附近。

橙黄玉凤花的伴生植物共有31种，其中乔木5种，灌木6种，草本13种，蕨类5种，藤本2种（表5.26）。同期开花植物如图5.44所示。

5.4.2 生境、开花物候及花的形态学特征

橙黄玉凤花主要分布在林区公路边、山谷两侧的坡地及林下的岩石上。其花期为7月中旬到8月底，约45d，单株的花序花期为16～18d，单朵花的花期为11～13d。花序均为总状花序，每个花序2～10朵花，萼片和花瓣绿色，唇瓣橙黄色，中萼片具3脉，凹陷，且与花瓣靠合呈兜状，侧萼片反折，花瓣具1脉，唇瓣具4裂，基部具短爪，距呈细圆筒状，末端通常上弯，柱头为棒状。花的形态及花部各组成的大小见表5.27所列。

5.4.3 花蜜体积及糖浓度

橙黄玉凤花的花蜜柱高、花蜜体积及糖浓度见表5.28所列。在橙黄玉凤花中，白天距中的花蜜体积和总糖浓度与夜间相比，均无显著性差异（P=0.247；P=0.347）。

5.4.4 花蜜中可溶性糖成分

橙黄玉凤花花蜜可溶性糖的色谱图如图5.45所示。从图中可以看出，橙黄玉凤花含有果糖、葡萄糖和蔗糖，且蔗糖所占的比例最高。

5.4.5 繁育系统与授粉效率

橙黄玉凤花的繁育系统研究结果显示（表5.29）：橙黄玉凤花的自然结实率较高，达到83.3%；去雄套袋和不去雄套袋均不能结实，表明不存在自动自花授粉机制以及无融合生殖机制；自花授粉、同株异花授粉和异株异花授粉的结实率均达96%以上，表明自交亲和。

橙黄玉凤花的花粉移出率和移入率分别为75.30%和83.33%，表明一朵花被移出花粉块后至少有一朵花被移入花粉块，且一个花粉块可分为不同花粉小块同时移入多朵花。

5.4.6 胚的发育观察

橙黄玉凤花的自然结实种子含大胚的比例为42.67% ± 5.96%，与同株异花授粉种子含大胚的比例（41.28% ± 5.85%）无差异，与异株异花授粉（62.26% ± 5.24%）和自花授粉（33.32% ± 3.60%）种子含大胚的比例存在显著性差异（$P < 0.05$；图5.46-A）。自然结实种子含小胚比例为11.30% ± 2.77%，与同株异花授粉种子含小胚的比例（11.54% ± 2.49%）无差异，显著低于异株异花授粉（14.73% ±

3.66%，$P<0.05$）和自花授粉（16.01% ± 1.99%，$P<0.05$）种子含小胚的比例（图 5.46-B）。自然结实种子中流产胚的比例较高（37.40% ± 6.71%），与同株异花授粉（26.49% ± 3.11%）、异株异花授粉（13.94% ± 4.33%）和自花授粉

表 5.26 橙黄玉凤花居群伴生植物

习性	物种
乔木	青榨槭 *Acer davidii* 黄樟 *Cinnamomum porrectum* 白蜡树 *Fraxinus chinensis* 楠木 *Phoebe zhennan* 瘿椒树 *Tapiscia sinensis*
灌木	九节龙 *Ardisia pusilla* 柏拉木 *Blastus cochinchinensis* 天料木 *Homalium cochinchinense* 胡枝子 *Lespedeza bicolor* 玉叶金花 *Mussaenda pubescens* 萝芙木 *Rauvolfia verticillata*
草本	菖蒲 *Acorus calamus* 紫菀 *Aster tataricus* 悬铃叶苎麻 *Boehmeria tricuspis* 菟丝子 *Cuscuta chinensis* 多叶斑叶兰 *Goodyera foliosa*
草本	毛葶玉凤花 *Habenaria ciliolaris* 天胡荽 *Hydrocotyle sibthorpioides* 阔叶山麦冬 *Liriope platyphylla* 大叶石上莲 *Oreocharis benthamii* 石仙桃 *Pholidota chinensis* 黄精 *Polygonatum sibiricum* 接骨草 *Sambucus javanica* 蟛蜞菊 *Wedelia chinensis*
蕨类	双盖蕨 *Diplazium donianum* 石韦 *Pyrrosia lingua* 卷柏 *Selaginella tamariscina* 芒萁 *Dicranopteris dichotoma* 盾蕨 *Neolepisorus ovatus*
藤本	凌霄 *Campsis grandiflora* 络石 *Trachelospermum jasminoides*

表5.27 橙黄玉凤花的花部特征

花部特征	样品数	测量值（mm）（平均值 ± 标准误）	花部特征	样品数	测量值（mm）（平均值 ± 标准误）
侧萼长	30	0	柱头间距	30	2.94 ± 0.84
侧萼宽	30	0	黏盘间距	30	2.82 ± 0.23
距长	30	41.26 ± 1.02	花粉团柄长	15	5.28 ± 0.43
距口到黏盘间距	30	5.58 ± 0.51	花粉团长	15	2.96 ± 0.18
距尾到黏盘间距	30	47.21 ± 1.14	花粉团宽	15	0.82 ± 0.06

表5.28 橙黄玉凤花的花蜜柱高、花蜜体积与总糖浓度（平均值 ± 标准误）

项目	时间	总糖浓度（%）	项目	时间	总糖浓度（%）
花蜜柱高 (mm)	白天	12.99 ± 2.24	体积（μL)	晚上	3.96 ± 0.74
	晚上	9.27 ± 1.43	总糖浓度 (%)	白天	20.89 ± 2.04
体积（μL)	白天	4.38 ± 0.88		晚上	20.75 ± 2.27

图5.44　橙黄玉凤花的同期开花植物

1～5. 蛛丝毛蓝耳草、东南景天、紫菀、山麦冬、一点红　6～10. 长箭叶蓼、金锦香、地桃花、假糙苏、鬼针草　11～15. 黄花稔、马鞭草、豨莶草、牛膝菊、半边莲　16～20. 蚕茧草、地菍、柏拉木、枇杷叶紫珠、圆锥绣球　21～25. 紫萼蝴蝶草、菊芋、葛、栝楼、威灵仙

（29.63%±4.75%）种子中流产胚的比例均存在显著性差异（$P<0.05$；图5.46-C）。自然结实种子中空胚比例（8.57%±2.23%）较低，与异株异花授粉种子中空胚的比例（9.56%±4.24%）无差异，显著低于同株异花授粉（20.59%±4.59%）和自花授粉（21.21%±3.75%）种子中空胚的比例（$P<0.05$；图5.46-D）。近交衰退指数（δ）为0.2191。

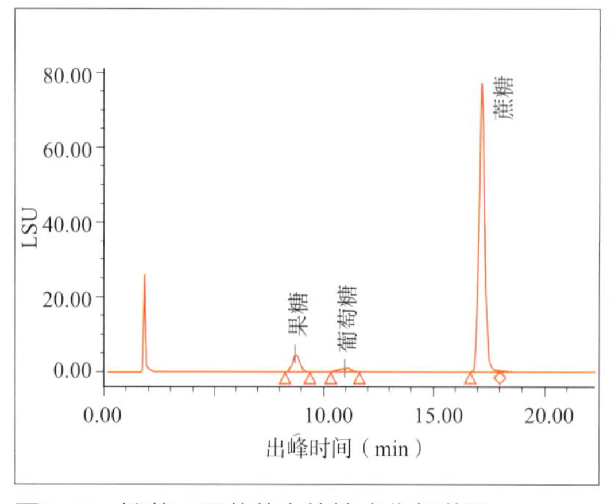

图5.45　橙黄玉凤花花蜜的糖成分色谱图

表5.29　不同处理下橙黄玉凤花的结实率

处理方式	花朵数	结实率（%）	处理方式	花朵数	结实率（%）
不去雄套袋	30	0	同株异花授粉	30	96.7
去雄套袋	30	0	异株异花授粉	30	100
自花授粉	30	100	自然结实	30	83.3

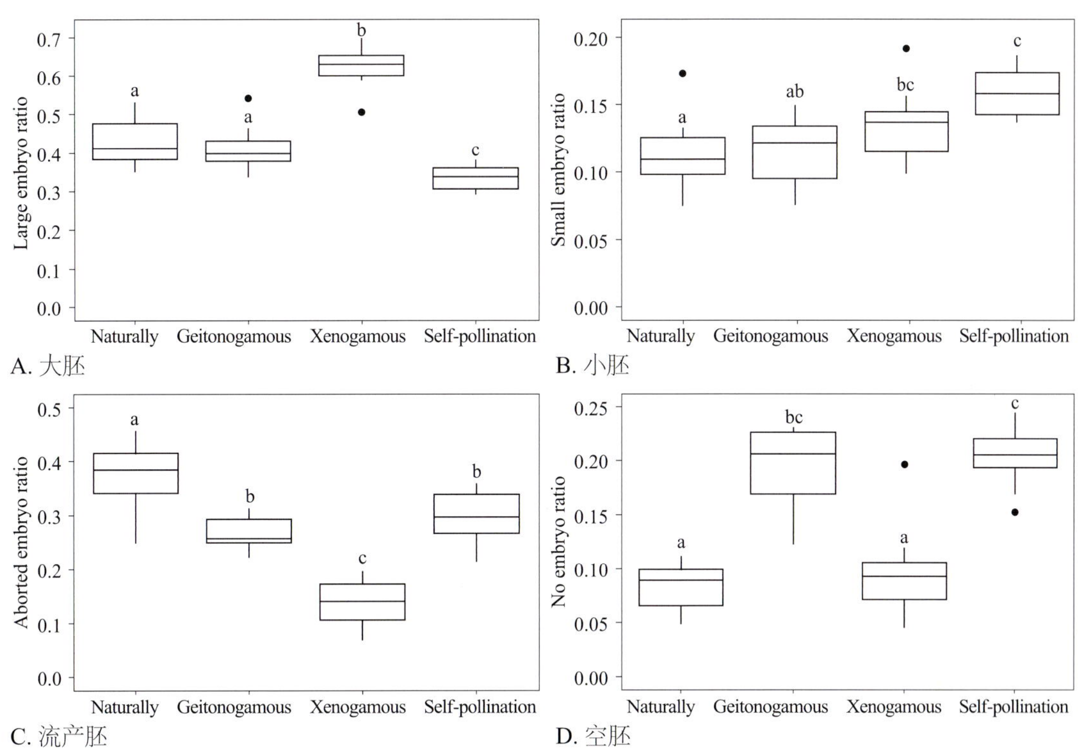

图5.46　橙黄玉凤花不同授粉方式与自然结实种子胚形态的比较

注：不同字母表示差异显著（$P<0.05$）。

5.4.7　访花昆虫与传粉昆虫

对橙黄玉凤花传粉昆虫的观测结果显示，共观察到2种有效的传粉昆虫，分别为凤蝶科（Papilionidae）的玉斑凤蝶（*Papilio helenus*）和宽带凤蝶（*Papilio nephelus*），访花时间主要集中在晴天的10:00～15:00（图5.47-1、2）。在传粉过程中，凤蝶首先停靠在橙黄玉凤花的唇瓣上（图5.47-3、4），然后将其喙伸入距内。由于花的药隔间具三角形突起，将距口分成2个部分，凤蝶只能将其喙伸入其中的一部分，所以在吸取花蜜的过程中，黏盘靠到凤蝶的触须之间的区域（图5.47-5、6），凤蝶离开时带走花粉块；随后凤蝶再以同样的方式停落到另一朵花上，花粉团接触到柱头完成授粉。玉斑凤蝶和宽带凤蝶每次访问1～3朵花，其单花访问时间分别为3～29s和4～32s，单个花序访问时间分别为4～20s和4～22s。玉斑凤蝶和宽带凤蝶的喙长分别为37.21mm和31.91mm，均短于花的距长（41.26mm）。

图5.47 橙黄玉凤花的植株、花部结构及传粉昆虫

1. 植株 2. 花（P. 花粉块 Vs. 黏盘 St. 柱头 L. 唇瓣 Sp. 距） 3. 花粉块（P. 花粉团 C. 花粉团柄 Vs. 黏盘） 4. 宽带凤蝶访花 5、6. 玉斑凤蝶携带花粉块 7. 玉斑凤蝶访花 8、9. 玉斑凤蝶触须之间携带橙黄玉凤花的花粉块

5.4.8 花气味成分分析

橙黄玉凤花的挥发性成分测定结果见表5.30所列。在2个样品中只有1个样品检测出了2种化合物，分别是4,5-二乙基辛烷和2,6,10-三甲基十四烷，含量分别为0.72%和0.64%，表明橙黄玉凤花不产生可吸引传粉者的气味。

5.4.9 橙黄玉凤花的花部改造实验

在橙黄玉凤花的2个柱头之间有一个三角形的突起（图5.48-1），在花部改造实验中，发现将三角形突起去除后（图5.48-3），凤蝶也能够将花粉块移出，但与去除前相比，花粉块的附着位置发生了较大的改变。三角形突起去除前，花粉块位于凤蝶的触须之间的区域（图5.48-2）；而

表5.30　橙黄玉凤花挥发性气体主要成分的相对含量

挥发性气体成分	保留时间（min）	样品	
		1	2
4,5- 二乙基辛烷	11.022	0.72	—
2,6,10- 三甲基十四烷	15.508	—	0.64
总计		1	1

注：化合物按保留时间的顺序排列，样本值表示每个化合物总排放量的百分比。

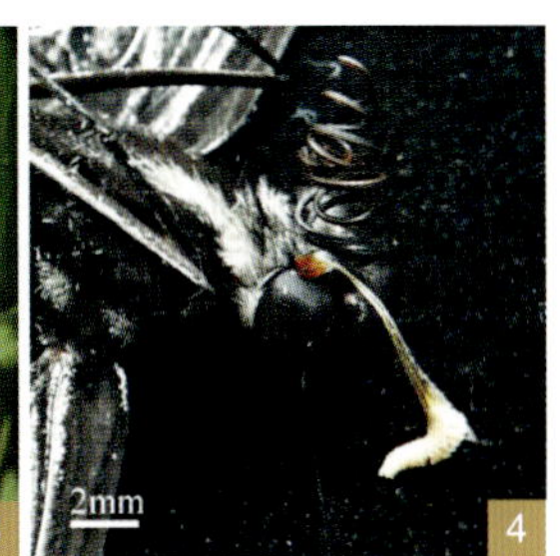

图5.48　橙黄玉凤花的花部改造实验

1. 药隔间突起去除前　2. 花粉块位于传粉昆虫触须之间的区域　3. 药隔间突起去除后　4. 花粉块位于传粉昆虫复眼上

去除后，花粉块附着于凤蝶的复眼上（图5.48-4）。三角形突起去除后的花粉移出率为86.66%，高于自然状态下的移出率（75.30%）；移入率为70%，低于自然状态下的花粉移入率（83.33%）。

5.4.10　颜色和气味双选择实验

在橙黄玉凤花颜色与气味对昆虫吸引力差异的验证实验中（图5.49），橙黄玉凤花的颜色相对于气味和空白对照，昆虫访花次数显著性增加，说明花的颜色对凤蝶有很强的吸引作用；气味相对于空白对照，昆虫访花次数没有显著性差异，说明气味对凤蝶没有吸引作用；颜色加气味相对于空白对照加气味，昆虫访花次数均呈显著性差异，进一步说明花的颜色对凤蝶具有吸引作用。

5.4.11　花部结构与传粉昆虫协同进化

通过野外拍摄记录橙黄玉凤花的传粉过程，发现橙黄玉凤花的花粉块附着于传粉昆虫触须之间的区域，花粉块附着于传粉昆虫身体的不同部位，这可能与花部结构有关。橙黄玉凤花具有三角形的药隔间突起，将距口分成2个部分，当凤蝶将口器伸入其中的一部分吸取花蜜时，黏盘靠到凤蝶的触须之间的区域，凤蝶离开时带走花粉块。当三角形突起去除后，凤蝶同样能够带走花粉块，但其花粉块附着的位置发生了改变（位于凤蝶的复眼上），且花粉移入率比三角形突起去除前要低，表明该结构对传粉昆虫的访花行为产生了一定的影响，这是目前为止玉凤花属植物中首次通过实验被证明花部结构会对花粉块的附着位置产生影响。虽然在其他兰科植物中如*Bonatea cassidea*报道过花粉块附着于传粉昆虫的触须之间的区域，但在玉凤花属植物中，此前仅发现*Habenaria macronectar*的花粉块附着于传粉昆虫的这一位置，此次是玉凤花属中发现花粉块附

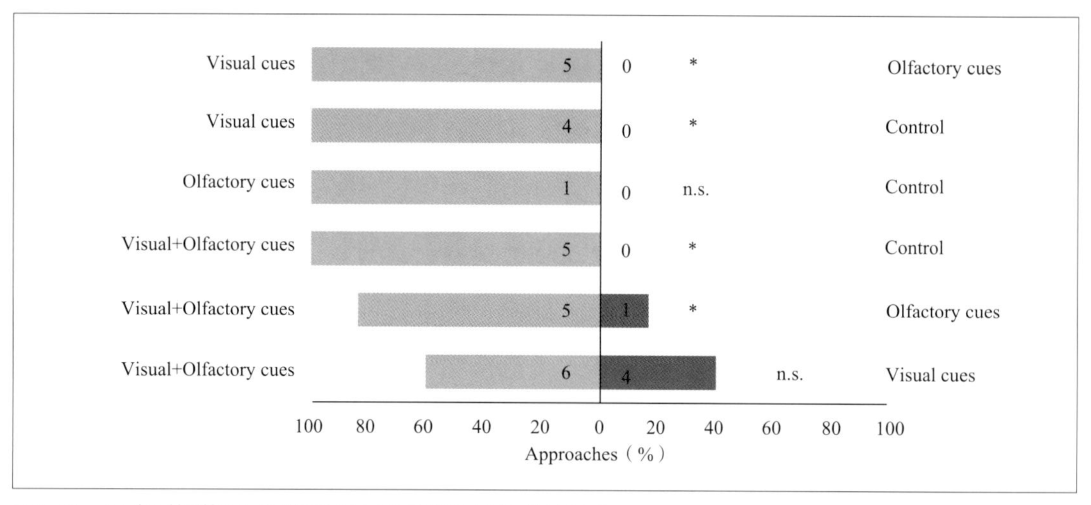

图5.49　昆虫对橙黄玉凤花颜色及气味的响应（百分比法）

注：二项式检验，n.s.表示P> 0.05，*表示P <0.05。

着于传粉昆虫这一位置的第二种植物。毛葶玉凤花和鹅毛玉凤花的2个花粉块黏盘间隔较宽，且无橙黄玉凤花那样的药隔间突起，所以花粉块均附着于传粉昆虫的复眼上，这可能是与蛾类复眼的尺寸或距离相适应。

由长口器动物（如鳞翅目）传粉的植物的花，其距长通常比传粉昆虫的口器要长，这鼓励昆虫深入探索大部分的花蜜报酬，从而确保昆虫与花的柱头相接触。在本研究中，2种有效传粉昆虫的口器均比植物的距要短，当昆虫将口器伸入距中吸取花蜜时，花的黏盘与昆虫的触须之间的区域相接触，从而离开时移出花粉块。橙黄玉凤花是由白天活动的凤蝶进行传粉，而蝶类传粉植物的共同特点之一是花能够为蝶类提供立足点。比较橙黄玉凤花的花部特征和两种凤蝶的形态，发现其花部构造特别是唇瓣及距的存在与2种凤蝶在花上的行为十分吻合。橙黄玉凤花的花中等大，其唇瓣4裂，能够为凤蝶提供一个很好的立足点，距中有浓度较低但资源丰富的蜜，凤蝶将口器伸入距中吸蜜的同时，将花粉块粘到身体上，飞离时带出。当带着花粉块的凤蝶访问另一朵花时，花粉块会被位于花粉囊下方的柱头上的黏液粘住，从而完成传粉。

5.4.12　影响繁殖成功的因素

繁育系统研究结果显示，橙黄玉凤花均自交亲和，且必须依靠传粉昆虫作为媒介来实现授粉。套袋均不结实，说明不存在自动自花授粉机制。这些研究结果与该属中除南方玉凤花（生殖方式为无融合生殖）之外的其他种的传粉研究结果相一致。本研究中橙黄玉凤花的自然结实率为83.3%，高结实率可能与其具有持续的花蜜报酬密切相关。橙黄玉凤花有花蜜，花蜜体积为4.38μL ± 0.88μL，总糖浓度为20.89% ± 2.04%，与该属其他种的研究结果相似。长舌类昆虫喜欢取食中等浓度的花蜜，短舌类昆虫（蝇等）可以吸食更高浓度的花蜜，且花蜜中各种糖的含量及比例可能会影响访花者的采集偏好性。给橙黄玉凤花传粉的2种昆虫均具有较长的口器，且在花蜜中具有较高含量的蔗糖。

一般有回报兰科植物的平均结实率为37.1% ± 3.2%（n=130），本研究中橙黄玉凤花的结实率远高于有回报兰科植物的平均结实率。除能为传粉昆虫提供持续的花蜜报酬外，花部的形态结构也扮演着重要的角色。玉凤花属植物具有2个柱头，且花粉块由2个松弛柔软的粒粉质花粉团组成，一个花粉团能为多朵花授粉。橙黄玉凤花的授粉效率均略高于1，与阿根廷中部的玉凤花属植物的授粉效率（0.38～1.15）存在较大差异，与巴西南部（1.01～1.13）和我国西南部地区（1.19～1.66）的玉凤花属植物授粉效率相似。

玉凤花属植物的结实率比其他兰科植物高的原因还可能与传粉昆虫的觅食路线（trapline）或访花行为有关。传粉昆虫携带大量花粉块沿着总状花序上下移动寻找花蜜，增加花粉移入率，提高结实率。在本研究中，通过录像观察到传粉昆虫在访完一朵花后，会连续访问同一花序的其他花，或在相同的访花周期内返回同一花序，鼓励了昆虫介导的同株异花授粉，与该属植物其他种的研究结果相似。

5.4.13　传粉机制

橙黄玉凤花能给传粉昆虫提供花蜜作为报酬，其传粉机制属于有回报昆虫传粉。橙黄玉凤花的唇瓣为鲜艳的红色到橙黄色，能与周围环境形成强烈的色彩反差，花冠的颜色、形状和样式被认为是吸引白天传粉者的视觉信号，尤其是花色，对蝴蝶的蜜源搜寻尤为重要，且蝴蝶对红色或蓝色具有天生的颜色偏好。通过对橙黄玉凤花的挥发性成分进行分析，发现白天无明显的花气味，这暗示着橙黄玉凤花很有可能是通过颜色来吸引昆虫的。在颜色与气味对昆虫吸引力差异的验证实验中，橙黄玉凤花的颜色对两种蝶类有很强的吸引作用，表明橙黄玉凤花是依靠其鲜艳的唇瓣吸引昆虫访花并传粉的。

5.4.14　小结

橙黄玉凤花高度自交亲和，不存在无融合生殖和自动自花授粉机制，依赖于昆虫帮助其传粉，有效传粉昆虫为玉斑凤蝶和宽带凤蝶，其口器的长度均与花的距长相匹配，花粉块均黏附于2种传粉昆虫触须之间的区域。

橙黄玉凤花是依靠其鲜艳的唇瓣来吸引凤蝶访花传粉的，其药隔间的突起对花粉块的附着位置和花粉移入率、移出率均有影响，表明该结构的进化可能与避免物种间的花粉竞争和生殖隔离有关。

后续研究建议：对橙黄玉凤花进一步开展生殖隔离机制的研究，进行种间杂交试验，以及增加种群遗传结构和基因流分析。

第3篇

九连山兰科植物

开唇兰属 *Anoectochilus* Bl.

金线兰
Anoectochilus roxburghii (Wall.) Lindl.

【生物学特征】地生草本。植株高8～18cm。根状茎匍匐，伸长，肉质，具节，节上生根。茎直立，肉质，圆柱形，具3～4枚叶。叶片卵圆形或卵形，长1.3～3.5cm，宽0.8～3cm，上面暗紫色或黑紫色，具金红色带有绢丝光泽的美丽网脉，背面淡紫红色，先端近急尖或稍钝，基部近截形或圆形，骤狭成柄；叶柄长4～10mm，基部扩大成抱茎的鞘。总状花序具2～6朵花，长3～5cm；花序轴淡红色，和花序梗均被柔毛，花序梗具2～3枚鞘苞片；花苞片淡红色，卵状披针形或披针形，长6～9mm，宽3～5mm，先端长渐尖，长约为子房长的2/3；子房长圆柱形，不扭转，被柔毛，花梗长1～1.3cm；花白色或淡红色，不倒置（唇瓣位于上方）；萼片背面被柔毛，中萼片卵形，凹陷呈舟状，长约6mm，宽2.5～3mm，先端渐尖，与花瓣粘合呈兜状；侧萼片张开，偏斜的近长圆形或长圆状椭圆形，长7～8mm，宽2.5～3mm，先端稍尖；花瓣质地薄，近镰刀状，与中萼片等长；唇瓣长约12mm，呈“Y”字形，基部具圆锥状距，前部扩大并2裂，其裂片近长圆形或近楔状长圆形，长约6mm，宽1.5～2mm，全缘，先端钝，中部收狭成长4～5的爪，其两侧各具6～8条长4～6mm的流苏状细裂条，距长5～6mm，上举指向唇瓣，末端2浅裂，内侧在靠近距口处具2个肉质的胼胝体；蕊柱短，长约2.5mm，前面两侧各具1枚宽、片状的附属物；花药卵形，长4mm；蕊喙直立，叉状2裂；柱头2个，离生，位于蕊喙基部两侧。花期（8～）9～11（～12）月。

【分布及生境】九连山山脉均有零星分布。生于海拔500～1000m的常绿阔叶林下或沟谷阴湿处。

【用途】全草药用，具有滋补、止痛、镇咳等功效；园林观赏。

浙江金线兰
Anoectochilus zhejiangensis Z. Wei et Y. B. Chang

【生物学特征】地生草本。植株高8～16cm。根状茎匍匐，淡红黄色，具节，节上生根。茎淡红褐色，肉质，被柔毛，下部集生2～6枚叶，叶之上具1～2枚鞘状苞片。叶片稍肉质，宽卵形至卵圆形，长0.7～2.6cm，宽0.6～2.1cm，先端急尖，基部圆形，边缘微波状，全缘，上面呈鹅绒状绿紫色，具金红色带绢丝光泽的美丽网脉，背面略带淡紫红色，基部骤狭成柄；叶柄长约6mm，基部扩大成抱茎的鞘。总状花序具1～4朵花，花序轴被柔毛；花苞片卵状披针形，膜质，长约6.5mm，宽约3.5mm，先端渐尖，背面被短柔毛，与子房近等长或稍长；子房圆柱形，不扭转，淡红褐色，被白色柔毛，花梗长约6mm；花不倒置（唇瓣位于上方）；萼片淡红色，近等长，长约5mm，背面被柔毛，中萼片卵形，凹陷呈舟状，先端急尖，与花瓣粘合呈兜状，侧萼片长圆形，稍偏斜；花瓣白色，倒披针形；唇瓣白色，呈“Y”字形，基部具圆锥状距，中部收狭成长4mm、两侧各具1枚鸡冠状褶片且其边缘具(2～) 3～4 (～5)枚长约3mm小齿的爪，前部扩大并2深裂，裂片斜倒三角形，长约6mm，上部宽约5mm，边缘全缘；距长约6mm，上举，向唇瓣方向翘起几成“U”字形，末端2浅裂，其内具2个瘤状胼胝体，胼胝体生于距中部从蕊柱紧靠唇瓣处伸入距内的2条褶片状脊上；蕊柱短；蕊喙直立，叉状2裂；柱头2个，离生，位于蕊喙的基部两侧。花期7～9月。

【分布及生境】九连山山脉均有零星分布。生于海拔500～1000m的常绿阔叶林下或沟谷阴湿处。

【用途】全草药用，药效同金线兰。

无叶兰属 *Aphyllorchis* Bl.

无叶兰
Aphyllorchis montana Rchb. f.

【生物学特征】腐生草本。植株高43～70cm，具直生的、多节的根状茎。茎直立，无绿叶，下部具多枚长0.5～2cm、抱茎的鞘，上部具数枚鳞片状、长1～1.3cm的不育苞片。总状花序长10～20cm，疏生数朵至10余朵花；花苞片反折，线状披针形，长6～14mm，宽2～2.5mm，明显短于花梗和子房；子房有时略被微柔毛；花黄色或黄褐色，近平展，后期常下垂；中萼片舟状，长圆形或倒卵形，长9～11mm，宽3～4mm，先端钝，具3脉，中脉在背面近顶端处粗糙；侧萼片稍短且不为舟状；花瓣较短而质薄，近长圆形；唇瓣长7～9mm，在下部接近基部处缢缩而形成上、下唇；上唇卵形，长5～7mm，有时多少3裂，边缘稍波状；下唇稍凹陷，长约2mm，内有不规则突起，两侧具三角形或三角状披针形的耳；蕊柱长7～10mm，稍弯曲，顶端略扩大。花期7～9月。

【分布及生境】江西九连山保护区虾公塘有分布。生于海拔600～1100m的林下或疏林下。

【用途】园林观赏。

单唇无叶兰

Aphyllorchis simplex T. Tang et F. T. Wang

【生物学特征】腐生草本。植株高48～53cm，具近直生的根状茎和少数肉质根；根状茎粗4～6mm，具较密的节；根较长，粗1.5～2mm。茎直立，无绿叶，下部节间长7～12mm，每节具1枚圆筒状、抱茎的鞘；鞘长4～18mm，向上逐渐过渡为不育苞片。总状花序长18～22cm，疏生10～13朵花；花苞片反折，线状披针形，长约1cm，具3脉；花梗长3～5mm；子房长1.2～1.7cm，疏被腺毛；花白色，近直立；萼片近披针状长圆形，长约1cm，宽2～3mm，先端近急尖；花瓣3枚相似，近长圆形，质地较薄，稍短于萼片，无特化的唇瓣；蕊柱长约8mm，顶端稍扩大，除药床两侧有银白色附属物（退化雄蕊）外，前上方尚有1枚线形附属物；附属物长0.7～1mm；柱头近顶生，上方为卵形蕊喙；蕊喙先端微缺。花期8月。

【分布及生境】江西九连山保护区虾公塘有分布。生于海拔600～1100m的密林下石坡沙土中。

【用途】园林观赏。

竹叶兰属 *Arundina* Bl.

竹叶兰
Arundina graminifolia (D. Don) Hochr.

【生物学特征】地生草本。植株高40～80cm，有时可达1m以上；根状茎常在连接茎基部处呈卵球形膨大，貌似假鳞茎，直径1～2cm，具较多的纤维根。茎直立，常数个丛生或成片生长，圆柱形，细竹秆状，通常为叶鞘所包，具多枚叶。叶线状披针形，薄革质或坚纸质，通常长8～20cm，宽3～15 (～20)mm，先端渐尖，基部具圆筒状的鞘；鞘抱茎，长2～4cm。花序通常长2～8cm，总状或基部有1～2个分枝而呈圆锥状，具2～10朵花，但每次仅开1朵花；花苞片宽卵状三角形，基部围抱花序轴，长3～5mm；花梗和子房长1.5～3cm；花粉红色或略带紫色或白色；萼片狭椭圆形或狭椭圆状披针形，长2.5～4cm，宽7～9mm；花瓣椭圆形或卵状椭圆形，与萼片近等长，宽1.3～1.5cm；唇瓣近长圆状卵形，长2.5～4cm，3裂；侧裂片钝，内弯，围抱蕊柱；中裂片近方形，长1～1.4cm，先端2浅裂或微凹；唇盘上有3(～5)条褶片；蕊柱稍向前弯，长2～2.5cm。蒴果近长圆形，长约3cm，宽8～10mm。花果期主要为9～11月，但也有1～4月。

【分布及生境】九连山山脉有少量分布。生于海拔500～1000m的草坡、溪谷旁、灌丛下或林中。

【用途】全草药用，具有清热解毒、祛风除湿、止痛、利尿等功效；园林观赏。

白及属 *Bletilla* Bl.

白及
Bletilla striata (Thunb. ex A. Murray) Rchb. f.

【生物学特征】地生草本。植株高18～60cm。假鳞茎扁球形，上面具荸荠似的环带，富黏性。茎粗壮，劲直。叶4～6枚，狭长圆形或披针形，长8～29cm，宽1.5～4cm，先端渐尖，基部收狭成鞘并抱茎。花序具3～10朵花，常不分枝或极罕分枝；花序轴或多或少呈“之”字状曲折；花苞片长圆状披针形，长2～2.5cm，开花时常凋落；花大，紫红色或粉红色；萼片和花瓣近等长，狭长圆形，长25～30mm，宽6～8mm，先端急尖；花瓣较萼片稍宽；唇瓣较萼片和花瓣稍短，倒卵状椭圆形，长23～28mm，白色带紫红色，具紫色脉；唇盘上面具5条纵褶片，从基部伸至中裂片近顶部，仅在中裂片上面为波状；蕊柱长18～20mm，柱状，具狭翅，稍弓曲。花期4～5月。

【分布及生境】九连山山脉均有分布。生于海拔300～600m的常绿阔叶林下、栎树林或针叶林下、路边草丛或岩石缝中。

【用途】块茎具有收敛止血、消肿生肌等功效；园林观赏。

石豆兰属 *Bulbophyllum* Thou.

芳香石豆兰
Bulbophyllum ambrosia (Hance) Schltr.

【生物学特征】附生草本。根状茎粗2～3mm，被覆瓦状鳞片状鞘，每相距3～9cm生1个假鳞茎。根成束从假鳞茎基部长出。假鳞茎直立或稍弧曲上举，圆柱形，长2～6cm，粗3～8mm，顶生1枚叶，基部被鞘腐烂后残留的纤维干后古铜色，具光泽。叶革质，长圆形，长3.5～13cm，宽1.2～2.2cm，先端钝并且稍凹入，基部骤然收窄为长3～7mm的柄。花莛出自假鳞茎基部，1～3个，圆柱形，直立，连同花梗和子房长4～7cm，顶生1朵花；花序柄长6～8mm，粗约1mm，基部具2～4枚紧抱于花序柄的干膜质鞘；花梗和子房长1～1.4cm；花苞片膜质，卵形，长约3mm；花多少点垂，淡黄色带紫色；中萼片近长圆形，长约1cm，中部宽5mm，先端急尖或锐尖，具5条脉，无毛，边缘全缘；侧萼片斜卵状三角形，与中萼片近等长，中部宽6mm，中部以上偏侧而扭曲呈喙状，先端稍钝，基部贴生于蕊柱足而形成宽钝的萼囊，具5条脉；花瓣三角形，长约6mm，中部宽3mm，先端急尖，具3条脉，边缘全缘；唇瓣近卵形，中部以下对折，基部具凹槽，与蕊柱足末端连接而形成活动关节，中部两侧扩展，边缘稍波状，先端稍增厚，上面具1～2条肉质褶片；蕊柱粗短，蕊柱齿不明显；蕊柱足长10mm，其分离部分长约5mm。花期通常2～5月。

【分布及生境】广东黄牛石保护区有分布。生于海拔达400～700m的山地林中树干上。

【用途】全草入药，具有清热解毒的功效；园林观赏。

瘤唇卷瓣兰

Bulbophyllum japonicum (Makino) Makino

【生物学特征】附生草本。根状茎纤细，粗约1.2mm，每相距7～18mm生1个假鳞茎。假鳞茎卵球形，长5～10mm，中部粗3～5mm，顶生1枚叶，幼时被膜质鞘，干后表面具皱纹。叶革质，长圆形或有时斜长圆形，通常长3～4.5cm，中部宽5～8mm，先端锐尖，基部渐狭为长约2mm的柄，中部以上边缘具细乳突，干后边缘稍下弯。花莛从假鳞茎基部抽出，通常高出叶外，长2～3cm，伞形花序常具2～4朵花；花序柄粗0.8mm，具3枚筒状鞘；花苞片披针形，长约2mm；花梗和子房长约4mm；花紫红色；中萼片卵状椭圆形，长约3mm，中部以下宽1.5mm，先端短急尖，具3条脉，边缘全缘；侧萼片披针形，长5～6mm，基部上方宽约2mm，向先端长渐尖或短渐尖，具3条脉，中部以上两侧边缘内卷，基部上方扭转而侧萼片的上、下侧边缘彼此靠合；花瓣近匙形，长2mm，上半部宽1.5mm，先端圆钝，具3条脉，边缘全缘；唇瓣肉质，舌状，向外下弯，长约2mm，基部上方两侧对折，中部以上收狭为细圆柱状，先端扩大呈拳卷状；蕊柱长约1.5mm；蕊柱足长约1mm，其分离部分长0.5mm；蕊柱齿钻状，长0.7mm；药帽半球形，前缘先端近圆形，全缘。花期6月。

【分布及生境】九连山山脉均有分布。生于海拔500～800m的山地阔叶林中树干上或沟谷阴湿岩石上。

【用途】园林观赏。

广东石豆兰
Bulbophyllum kwangtungense Schltr.

【生物学特征】附生草本。根状茎粗约2mm，当年生的常被筒状鞘，每相隔2～7cm生1个假鳞茎。根出自生有假鳞茎的根状茎节上。假鳞茎直立，圆柱状，长1～2.5cm，中部粗2～5mm，顶生1枚叶，幼时被膜质鞘。叶革质，长圆形，通常长约2.5cm，最长达4.7cm，中部宽5～14mm，先端圆钝并且稍凹入，基部具长1～2mm的柄。花葶1个，从假鳞茎基部或靠近假鳞茎基部的根状茎节上发出，直立，纤细，远高出叶外，长达9.5cm；总状花序缩短呈伞状，具2～4（～7）朵花；花序柄粗约0.5mm，疏生3～5枚鞘；鞘膜质，筒状，长约5mm，紧抱于花序柄；花苞片狭披针形，比花梗连同子房短或有时稍长；花淡黄色；萼片离生，狭披针形，长8～10mm，基部上方宽1～1.3mm，先端长渐尖，中部以上（约占整个萼片长的3/5）两侧边缘内卷，具3条脉；侧萼片比中萼片稍长，基部1/5～2/5贴生于蕊柱足上，萼囊很不明显；花瓣狭卵状披针形，长4～5mm，中部宽约0.4mm，逐渐向先端变狭，先端长渐尖，具1条脉或不明显的3条脉，仅中肋到达先端，边缘全缘；唇瓣肉质，狭披针形，向外伸展，长约1.5mm，中部宽0.4mm，先端钝，中部以下具凹槽，上面具2～3条小的龙骨脊，其在唇瓣中部以上汇合成1条粗厚的脊；蕊柱长约0.5mm；蕊柱齿牙齿状，长约0.2mm；蕊柱足长约0.5mm，其分离部分长约0.1mm；药帽前端稍伸长，先端截形并且多少向上翘起，上面密生细乳突。花期5～8月。

【分布及生境】九连山山脉均有分布。生于海拔300～800m的山坡林下岩石上。

【用途】全草药用，具有滋阴润肺、止咳化痰、清热消肿等功效；园林观赏。

齿瓣石豆兰
Bulbophyllum levinei Schltr.

【生物学特征】附生草本。根状茎纤细，匍匐生根。假鳞茎在根状茎上聚生，近圆柱形或瓶状，长5～10mm，中部粗2～4mm，顶生1枚叶，基部被鞘或鞘腐烂后残留的纤维。叶薄革质，狭长圆形或倒卵状披针形，长3～4cm，罕有达9cm的，中部宽5～7（～14）mm，先端近锐尖，基部收窄为长4～10mm的柄，边缘稍波状，上面中肋常凹陷。花莛从假鳞茎基部发出，纤细，直立，光滑无毛，高出叶外；总状花序缩短呈伞状，常具2～6朵花；花序柄粗约0.5mm，疏生2～3枚筒状鞘；花苞片直立，狭披针形，比花梗连同子房短，长2～3.5mm，先端渐尖；花膜质，白色带紫；中萼片卵状披针形，凹，长4～5mm，基部上方宽1.5～2mm，中部以上骤然变狭并且增厚，先端急尖，边缘具细齿，具3条脉；侧萼片斜卵状披针形，长5～5.5mm，与中萼片近等宽，中部以上增厚，向先端骤狭呈尾状，基部贴生在蕊柱足上而形成兜状的萼囊，边缘全缘，具3条脉；花瓣靠合于萼片，卵状披针形，长达3.5mm，中部宽1.5mm，边缘具细齿，具1条脉，先端长急尖；唇瓣近肉质，中部以下具凹槽，向外下弯，摊平后为披针形，长2～2.5mm，基部近截形并与蕊柱足末端连接而形成不动关节，先端近急尖，全缘；蕊柱长约1.2mm；蕊柱齿很短，丝状，长约0.5mm；蕊柱足弯曲，长约1.5mm，其分离部分长0.5mm；药帽半球形，前端收窄呈喙状，上面中央具1条密生细乳突的龙骨背。花期5～8月。

【分布及生境】九连山山脉均有分布。通常生于海拔500～900m的山地林中树干上或沟谷岩石上。

【用途】全草药用，具有滋阴降火、清热消肿等功效；园林观赏。

斑唇卷瓣兰

Bulbophyllum pectenveneris (Gagnep.) Seidenf.

【生物学特征】附生草本。根状茎匍匐，粗1～2mm。根出自生有假鳞茎的节上，长而弯曲。假鳞茎在根状茎上彼此相距5～10mm，卵球形，长5～12mm，粗5～10mm，顶生1枚叶，干后表面常皱曲。叶厚革质，椭圆形、长圆状披针形或卵形，长1～6cm，中部宽7～18mm，先端稍钝或有时具凹头，基部几无柄。花莛从生有假鳞茎的根状茎节上发出，直立，远高出叶外，长约10cm，伞形花序具3～9朵花；花序柄纤细，疏生2～3枚紧抱的筒状膜质鞘；花苞片小，披针形，长3～4mm；花梗和子房纤细，长7～10mm；花黄绿色或黄色稍带褐色；中萼片卵形，凹，长约5mm，中部宽约2.5mm，先端急尖为细尾状，基部以上边缘具流苏状缘毛，具5条脉；侧萼片狭披针形，长3.5～5cm，宽约2.5mm，先端长尾状，基部贴生在蕊柱足上，基部上方扭转而上、下侧边缘分别彼此粘合，边缘内卷，向先端渐狭为长尾状的筒，仅近先端处开始分开；花瓣斜卵形，长2.5～3mm，中部宽约1.5mm，先端急尖，基部约2/5贴生在蕊柱足上，边缘尤其在中部以上具流苏状缘毛，具3条脉；唇瓣肉质，舌状，向外下弯，长2.5mm，先端近急尖，无毛；蕊柱长2mm；蕊柱齿钻状，长约1mm；蕊柱足向上弯曲，长1.5mm，其分离部分长约0.5mm；药帽前端近截形，边缘具乳突。花期4～9月。

【分布及生境】江西九连山保护区有分布。生于海拔500～900m的山地林中树干上或林下岩石上。

【用途】园林观赏。

藓叶卷瓣兰

Bulbophyllum retusiusculum Rchb. f. var. *retusiusculum*

【生物学特征】附生草本。根状茎匍匐，粗约2mm。假鳞茎通常彼此相距1～3cm，罕有近聚生的，卵状圆锥形或狭卵形，大小变化较大，长5～25mm，中部粗4～13mm，顶生1枚叶，基部有时被鞘腐烂后残存的纤维，干后表面具皱纹或纵条棱。根出自生有假鳞茎的根状茎节上。叶革质，长圆形或卵状披针形，大小变化较大，长1.6～8cm，中部宽4～18mm，先端钝并且稍凹入，基部收窄为短柄，近先端处边缘常较粗糙。花葶出自生有假鳞茎的根状茎节上，近直立，纤细，常高出叶外，长达14cm；伞形花序具多数花；花序柄粗约1mm，疏生3枚筒状鞘；花苞片狭披针形，舟状，长3～6mm，先端渐尖；花梗和子房纤细，长5～10mm；中萼片黄色带紫红色脉纹，长圆状卵形或近长方形，长3～3.5mm，中部宽1.5～2mm，先端近截形并具宽凹缺，边缘全缘或稍粗糙，具3条脉，背面中部以下有时疏生乳突；侧萼片黄色，狭披针形或线形，长11～21mm，宽1.5～3mm，两侧边缘在先端处稍内卷或不内卷，先端渐尖，基部贴生在蕊柱足上，背面有时疏生乳突状毛，基部上方扭转而两侧萼片的上、下侧边缘分别彼此粘合并且形成宽椭圆形或长角状的“合萼”；花瓣黄色带紫红色的脉，近似中萼片，几乎方形或卵形，长2.5～3mm，中部宽约1.8mm，先端圆钝，基部约2/5贴生在蕊柱足上，边缘全缘或稍较粗糙，具3条脉；唇瓣肉质，舌形，约从中部向外下弯，长约3mm，先端稍钝，基部具凹槽并且与蕊柱足末端连接而形成活动关节；蕊柱长1.5～2mm；蕊柱翅在蕊柱基部稍扩大；蕊柱足长2.5mm，其分离部分长1mm，向上弯曲；蕊柱齿近三角形，长约0.8mm，先端尖齿状；药帽前端近圆形，上面稍具细乳突。花期9～12月。

【分布及生境】九连山山脉有分布。生于海拔500～900m的山地林中树干上或林下岩石上。

【用途】园林观赏。

伞花石豆兰
Bulbophyllum shweliense W. W. Smith

【生物学特征】附生草本。根状茎纤细，粗约1mm，分枝，幼时被膜质筒状鞘。根丛生于生有假鳞茎的节上。假鳞茎直立，彼此相距2～5cm，近圆柱形或狭椭圆状长圆柱形，长10～15mm，中部粗4～5mm，顶生1枚叶。叶革质，长圆形，长2～3cm，中部宽5～10mm，先端圆钝并且稍凹入，基部收窄为长1～2mm的柄。花葶1～2个，从假鳞茎基部发出，直立，纤细，等于或稍高出叶外，长3～4.5cm；总状花序缩短呈伞状，具4～10朵花；花序柄粗约0.5mm，被3～4枚膜质鞘；鞘筒状，长4～5mm，紧抱于花序柄；花苞片披针形，凹，等于或稍长于花梗连同子房；花梗和子房长2mm；花橙黄色，具微香；萼片离生，等长，披针形，长7.5～8mm，基部宽约2mm，先端长渐尖，具3条脉；中萼片近先端两侧边缘稍内卷；侧萼片中部以上两侧边缘内卷呈筒状，基部贴生在蕊柱足上而形成半球状的萼囊；花瓣卵状披针形，长3～3.5mm，中部宽1.4～2mm，先端短急尖，基部收窄，具1～3条脉，仅中肋到达先端，边缘全缘；唇瓣肉质，光滑无毛，近先端处下弯，摊平后为卵状披针形，长约2mm，基部具凹槽，向先端急尖；蕊柱长约1mm；蕊柱齿钻状，与药帽等高，长约0.5mm；蕊柱足向上弯曲，长2mm，其分离部分长0.8～1mm；药帽前端稍收窄为先端钝的三角形。花期6月。

【分布及生境】广东黄牛石保护区有分布。生于海拔400～900m的山地林中树干上。

【用途】全草药用，具有清热润燥、生津止渴等功效；园林观赏。

虾脊兰属 *Calanthe* R. Br.

泽泻虾脊兰
Calanthe alismaefolia Lindl.

【生物学特征】地生草本。根状茎不明显。假鳞茎细圆柱形，长1～3cm，粗3～5mm，具3～6枚叶，无明显的假茎。叶在花期全部展开，椭圆形至卵状椭圆形，形似泽泻叶，通常长10～14cm，最长可达20cm，宽4～10cm，先端急尖或锐尖，基部楔形或圆形并收狭为柄，边缘稍波状，两面无毛，有时背面疏被短毛；叶柄纤细，比叶片长或短，长6～20cm或更长，粗约4mm。花莛1～2个，从叶腋抽出，直立，纤细，约与叶等长，密被短柔毛，在花序之下具1～2枚鞘和苞片状的叶；鞘筒状，长1～1.5cm；总状花序长3～4cm，具3至10余朵花；花苞片宿存，草质，稍外弯，宽卵状披针形，长5～10mm，基部宽4～7mm，先端渐尖或稍钝，边缘波状；花梗和子房长达2cm，被短柔毛；花白色或有时带浅紫色；萼片近相似，近倒卵形，长约1cm，中部以上宽6mm，先端稍钝，具5条脉，仅中央3脉较明显，背面被黑褐色糙伏毛；花瓣近菱形，长8mm，中部宽4mm，先端钝，基部收狭，具3条脉，无毛；唇瓣基部与整个蕊柱翅合生，比萼片大，向前伸展，3深裂；侧裂片线形或狭长圆形，长约8mm，宽约2mm，先端圆形，两侧裂片之间具数个瘤状的附属物和密被灰色长毛；中裂片扇形，比侧裂片大得多，先端近截形，深2裂（裂口深为中裂片长的2/5），近先端处宽约1cm，基部收狭为爪，无毛；距圆筒形，纤细，劲直，与子房近平行，长约1cm，无毛；蕊柱长约3mm，上端稍扩大，无毛；蕊喙2裂，裂片近长圆形，长1.2mm，宽约0.5mm，先端近截形；药帽在前端收狭，先端截形；花粉团卵球形，近等大，长约2mm。花期6～7月。

【分布及生境】江西九连山保护区虾公塘有分布。生于海拔400～1000m的常绿阔叶林下。

【用途】园林观赏，是切花的好材料。

银带虾脊兰

Calanthe argenteostriata C. Z. Tang et S. J. Cheng

【生物学特征】地生草本。植株无明显的根状茎。假鳞茎粗短，近圆锥形，粗约1.5cm，具2～3枚鞘和3～7枚在花期展开的叶。叶上面深绿色，带5～6条银灰色的条带，椭圆形或卵状披针形，长18～27cm，宽5～11cm，先端急尖，基部收狭为长3～4cm的柄，无毛或背面稍被短毛。花莛从叶丛中央抽出，长达60cm，密被短毛，具3～4枚筒状鞘；总状花序长7～11cm，具10余朵花；花苞片宽卵形，长约1.5cm，先端急尖，背面被毛；花梗和子房黄绿色，长约3cm；花张开；花瓣多少反折，黄绿色；中萼片椭圆形，长9mm，宽4.5mm，先端钝并具短芒，具5条脉，背面被短毛；侧萼片宽卵状椭圆形，长10mm，宽5.5mm，先端钝并具短芒，具5条脉，背面被短毛；花瓣近匙形或倒卵形，比萼片稍小，先端近截形并具短突，具3条脉，无毛；唇瓣白色，与整个蕊柱翅合生，比萼片长，基部具3列金黄色的小瘤状物，3裂；侧裂片近斧头状，长和宽均7mm，先端近圆形；中裂片深2裂；小裂片与侧裂片等大；距黄绿色，细圆筒形，长1.5～1.9cm，向末端变狭，外面疏被短毛；蕊柱白色，长约5mm；蕊喙2裂，轭形；药帽白色，前端收狭，先端喙状；花粉团狭倒卵球形或狭棒状，近等大，长约2mm，具短的花粉团柄，黏盘近方形。花期4～5月。

【分布及生境】江西九连山保护区有分布。生于海拔600～1000m的山坡林下岩石空隙或覆土的石灰岩面上。

【用途】园林观赏，是切花的极好材料。

钩距虾脊兰
Calanthe graciliflora Hayata

【生物学特征】地生草本。根状茎不明显。假鳞茎短，近卵球形，粗约2cm，具3～4枚鞘和3～4枚叶。假茎长5～18cm，粗约1.5cm。叶在花期尚未完全展开，椭圆形或椭圆状披针形，长达33cm，宽5.5～10cm，先端急尖或锐尖，基部收狭为长达10cm的柄，两面无毛。花莛出自假茎上端的叶丛间，长达70cm，高出叶层之外，密被短毛；花序柄常具1枚鳞片状的鞘；鞘宽卵形，长约6mm，先端渐尖，无毛；总状花序长达32cm，疏生多数花，无毛；花梗白色，连同绿色的子房长15～20mm，弧形弯曲，密被短毛；花张开；萼片和花瓣在背面褐色，内面淡黄色；中萼片近椭圆形，长10～15mm，宽5～6mm，先端锐尖，基部收狭，具（3～）4～5条脉，无毛或背面疏被短毛；侧萼片近似于中萼片，但稍狭；花瓣倒卵状披针形，长9～13mm，宽3～4mm，先端锐尖，基部具短爪，具3～4条脉，无毛；唇瓣浅白色，3裂；侧裂片呈稍斜的卵状楔形，长约4mm，基部约1/3与蕊柱翅的外侧边缘合生，先端圆钝或斜截形；中裂片近方形或倒卵形，长约4mm，宽3mm，先端扩大，近截形并微凹，在凹处具短尖；唇盘上具4个褐色斑点和3条平行的龙骨状脊；龙骨状脊肉质，终止于中裂片的中部，其末端呈三角形隆起；距圆筒形，长10～13mm，常钩曲，末端变狭，外面疏被短毛，内面密被短毛；蕊柱长约4mm，无毛；蕊柱翅下延到唇瓣基部并与唇盘两侧的龙骨状脊相连接；蕊喙2裂，裂片三角形，长约1mm，先端尖牙齿状，药帽在前端骤然收狭而呈喙状；花粉团棒状，等大，长约2mm，具明显的花粉团柄；黏盘近长圆形，长约1mm。花期3～5月。

【分布及生境】九连山山脉均有分布。生于海拔300～1000m的山谷溪边、林下及山坡阴湿处。

【用途】园林观赏，是切花的好材料。

肾唇虾脊兰
Calanthe brevicornu Lindl.

【生物学特征】地生草本。假鳞茎粗短，圆锥形，粗约2cm，具3～4枚鞘和3～4枚叶。假茎粗壮，长5～8cm，粗1～2cm。叶在花期全部未展开，椭圆形或倒卵状披针形，长约30cm，宽5～11.5cm，先端锐尖或短急尖，基部收狭为长约10cm的鞘状柄，边缘多少波状，具4～5条主脉，两面无毛。花莛从假茎上端的叶间发出，远高出叶层外，密被短毛，中部以下具1枚膜质鞘；鞘鳞片状，卵状披针形，长5～17mm，无毛；总状花序长达30cm，疏生多数花；花苞片宿存，膜质，披针形，长5～13mm，先端渐尖，近无毛；花梗和子房长16～23cm，被短毛；萼片和花瓣黄绿色；中萼片长圆形，长12～23mm，中部宽(3～)4～6（～8）mm，先端锐尖，具5条脉，背面被短毛；侧萼片斜长圆形或披针形，与中萼片近等大，先端急尖或锐尖，具5条脉，背面被短毛；花瓣长圆状披针形，比萼片短，宽4～5mm，先端锐尖，基部具爪，具3条脉，无毛；唇瓣基部具短爪，与蕊柱中部以下的蕊柱翅合生，约等长于花瓣，3裂；侧裂片镰刀状长圆形，先端斜截形，两侧裂片先端之间的距离等于或小于中裂片的宽；中裂片近肾形或圆形，基部具短爪，先端通常具宽凹缺并在凹处具1个短尖，或有时先端圆形并且细尖；唇盘粉红色，具3条黄色的高褶片；距很短，长约2mm，向末端变狭，外面被毛；蕊柱长约4mm，上端稍扩大，正面被长毛；蕊喙2裂，裂片尖牙齿状，长约1mm；药帽前端收狭而呈喙状；花粉团呈稍扁的倒卵球形，近等大，长约1.5mm。花期5～6月。

【分布及生境】广东黄牛石保护区有分布。生于海拔400～900m的林下山谷旁或路边。

【用途】园林观赏，是切花的极好材料。

长距虾脊兰

Calanthe sylvatica (Thou.) Lindl.

【生物学特征】地生草本。植株高达80cm，无明显的根状茎。假鳞茎狭圆锥形，长1～2cm，基部粗1cm，具3～6枚叶，无明显的假茎。叶在花期全部展开，椭圆形至倒卵形，长20～40cm，宽达10.5cm，先端急尖或渐尖，基部收狭为柄，边缘全缘，背面密被短柔毛；叶柄长11～23cm。花莛从叶丛中抽出，直立，粗壮，长45～75cm，中部以下具2枚紧抱花序柄的筒状鞘；总状花序疏生数朵花，其下具数枚苞片状叶；花苞片宿存，披针形，长1～1.8cm，近基部宽5～8mm，先端急尖，密被短柔毛；花梗和子房长达3.5cm，有时子房稍呈棒状，密被短毛；花淡紫色，唇瓣常变成橘黄色；中萼片椭圆形，长18～23mm，中部宽6～10mm，先端锐尖，具5～7条脉，背面疏被短柔毛；侧萼片长圆形，长2～2.8cm，中部宽6～9mm，先端急尖并呈短尾状，具5～7条脉，背面疏被短柔毛；花瓣倒卵形或宽长圆形，长15～20mm，中部以上宽9～12mm，先端稍钝或近锐尖，具5条脉，其两边外侧的主脉分枝；唇瓣基部与整个蕊柱翅合生，3裂；侧裂片镰状披针形，长约5mm，基部宽1.5～2mm，向先端变狭，先端稍钝；中裂片扇形或肾形，宽1～1.5cm，先端凹缺或浅2裂，裂口中央略有凸尖，前端边缘全缘或具缺刻，基部具短爪；唇盘基部具3列不等长的黄色鸡冠状小瘤；距圆筒状，长2.5～5cm，上、下等粗或中部以下稍变粗，伸直或稍弧曲，末端钝，外面疏被短毛；蕊柱长5mm，上端扩大，近无毛；蕊喙2裂，裂片斜卵状三角形，长0.7mm，先端锐尖；药帽在前端稍收狭，先端截形；药床宽大；花粉团狭倒卵球形，等大，长约2mm；黏盘小，近长圆形。花期4～9月。

【分布及生境】江西九连山保护区鹅公坑有分布。生于海拔500～1000m的山坡林下或山谷河边等阴湿处。

【用途】园林观赏，是切花的好材料。

独花兰属 *Changnienia* S. S. Chien

独花兰
Changnienia amoena S. S. Chien

【生物学特征】地生草本。假鳞茎近椭圆形或宽卵球形，长1.5～2.5cm，宽1～2cm，肉质，近淡黄白色，有2节，被膜质鞘。叶1枚，宽卵状椭圆形至宽椭圆形，长6.5～11.5cm，宽5～8.2cm，先端急尖或短渐尖，基部圆形或近截形，背面紫红色；叶柄长3.5～8cm。花葶长10～17cm，紫色，具2枚鞘；鞘膜质，下部抱茎，长3～4cm；花苞片小，凋落；花梗和子房长7～9mm；花大，白色而带肉红色或淡紫色晕，唇瓣有紫红色斑点；萼片长圆状披针形，长2.7～3.3cm，宽7～9mm，先端钝，有5～7脉；侧萼片稍斜歪；花瓣狭倒卵状披针形，略斜歪，长2.5～3cm，宽1.2～1.4cm，先端钝，具7脉；唇瓣略短于花瓣，3裂，基部有距；侧裂片直立，斜卵状三角形，较大，宽1～1.3cm；中裂片平展，宽倒卵状方形，先端和上部边缘具不规则波状缺刻；唇盘上在两枚侧裂片之间具5枚褶片状附属物；距角状，稍弯曲，长2～2.3cm，基部宽7～10mm，向末端渐狭，末端钝；蕊柱长1.8～2.1cm，两侧有宽翅。花期4月。

【分布及生境】江西九连山保护区有分布。生于海拔500～800m疏林下腐殖质丰富的土壤上或沿山谷荫蔽的地方。

【用途】全草药用，具有清热、凉血、解毒等功效；园林观赏。

叉柱兰属 *Cheirostylis* Blume.

云南叉柱兰
Cheirostylis yunnanensis Rolfe

【生物学特征】地生草本。植株高10～20cm。根状茎匍匐，肉质，粗壮，具节，呈毛虫状。茎圆柱形，直立或近直立，淡绿色，基部具2～3枚叶。叶片卵形，绿色，膜质，长1.5～3.5cm，宽0.8～2cm，先端急尖，基部近圆形，骤狭成柄；叶柄短，长6～10mm，下部扩大成抱茎的鞘。花茎顶生，被毛，具3～4枚鞘状苞片；总状花序具2～5朵花，长1.5～2.5cm；花苞片卵形，凹陷，长5～6.5mm，先端渐尖，背面被毛，较子房短；子房圆柱状纺锤形，被毛，具花梗，花梗长7～9mm；花小；萼片长5～6.5mm，膜质，近中部合生成筒状，萼筒外面下部被疏毛，筒长2.5～3.5mm，分离部分为三角状卵形，长2.5～3mm，先端近钝，均具1脉；花瓣白色，膜质，偏斜，弯曲，狭倒披针状长圆形，长5～6.5mm，上部宽1.5～1.8mm，先端钝，全缘或有时具2～3枚浅的钝齿，具1脉，与中萼片紧贴；唇瓣白色，直立，长10～12mm，基部稍扩大，囊状，囊内两侧各具1个梳状、扁平、具3～4枚齿的胼胝体，中部收狭成爪，爪长约4mm，上具2条褶片，前部极扩大，扇形，长5～6mm，2裂，两裂片平展时宽6～8mm，裂片边缘具5～7枚不整齐的齿；蕊柱短，长约2.5mm，蕊柱的2枚臂状附属物直立，与蕊喙的2裂片近等长；柱头2个，较大，位于蕊喙的基部两侧。花期3～4月。

【分布及生境】江西九连山保护区虾公塘有分布。生于海拔300～800m疏林下腐殖质丰富的土壤上。

【用途】全草药用，具有清热、凉血、解毒等功效；园林观赏。

异型兰属 *Chiloschista* Lindl.

广东异型兰
Chiloschista guangdongensis Z. H. Tsi

【生物学特征】附生草本。茎极短，具许多扁平、长而弯曲的根，无叶。总状花序1～2个，下垂，疏生数朵花；花序轴和花序柄长1.5～6cm，粗1mm，密被硬毛；花苞片膜质，卵状披针形，长3～3.5mm，先端急尖，具1条脉，无毛；花梗和子房长约5mm，密被茸毛；花黄色，无毛；中萼片卵形，长约5mm，宽3mm，先端圆形，具5条脉；侧萼片近椭圆形，与中萼片约等大，先端圆形，具4条脉；花瓣相似于中萼片而稍小，具3条脉；唇瓣以1个关节与蕊柱足末端连接，3裂；侧裂片直立，半圆形；中裂片卵状三角形，与侧裂片近等大，先端圆形，上面在两侧裂片之间稍凹陷并且具1个海绵状球形的附属物；蕊柱长约1.5mm，基部扩大，具长约3mm的蕊柱足；药帽前端短喙状，两侧边缘各具1条丝状附属物。蒴果圆柱形，劲直，长2cm，粗约4mm。花期4月，果期5～6月。

【分布及生境】江西九连山保护区斜陂水和黄牛石保护区有分布。生于海拔300～700m的石壁上。

【用途】园林观赏。

隔距兰属 *Cleisostoma* Bl.

广东隔距兰
Cleisostoma simondii (Gagnep.) Seidenf. var. *guangdongense* Z. H. Tsi

【生物学特征】附生草本。植株通常上举。茎细圆柱形，长达50cm，粗约4mm，通常分枝，具多数叶，节间长1～2.5cm。叶二列互生，肉质，深绿色，细圆柱形，斜立，长7～11cm，粗约3mm，先端稍钝，基部具关节和抱茎的长鞘。花序侧生，比叶长，斜出，不分枝或有时具短分枝，花序柄被3～4枚鞘；鞘膜质，筒状，长约3mm，先端斜截；总状花序或圆锥花序具多数花；花苞片膜质，卵形，长约2mm，先端钝；花梗和子房通常粗壮，长7～10mm；花近肉质，黄绿色带紫红色脉纹；萼片和花瓣稍反折，具3条脉；中萼片长圆形，长6～7mm，宽3～4mm，先端圆形；侧萼片稍斜长圆形，约等大于中萼片，先端钝，基部约1/2贴生于蕊柱足；花瓣相似于萼片而较小，先端钝；唇瓣3裂；侧裂片直立，三角形，上部骤然收狭，先端急尖并且朝上弯曲；中裂片浅黄白色，厚肉质，卵状三角形，向前伸，先端急尖，基部中央具三角形隆起的突片；距近球形，两侧压扁，粗约4mm，末端凹入，具发达的隔膜，距内背壁上方的胼胝体为中央凹陷的四边形，其4个角呈短角状均向前伸。距与中裂片在同一水平面上，先端钝；中裂片近楔形，其上面中央稍凹下，而基部浅2裂并且密被乳突状毛；蕊柱长约3mm，基部前方密生白色髯毛，具短的蕊柱足；蕊喙膜质，宽三角形，伸出蕊柱翅之外；药帽前端稍伸长，先端近截形；黏盘柄近半圆形，基部折叠；黏盘大，马鞍形。花期9月。

【分布及生境】广东黄牛石保护区有分布。常生于海拔500～900m的常绿阔叶林中树干上或林下岩石上。

【用途】全草药用，具有养阴、润肺、止咳等功效；园林观赏。

大序隔距兰
Cleisostoma paniculatum (Ker-Gawl.) Garay

【生物学特征】附生草本。茎直立，扁圆柱形，伸长达20cm以上，通常粗5～8mm，被叶鞘所包，有时分枝。叶革质，多数，紧靠、二列互生，扁平，狭长圆形或带状，长10～25cm，宽8～20mm，先端钝并且不等侧2裂，有时在两裂片之间具1枚短突，基部具多少"V"字形的叶鞘，与叶鞘相连接处具1个关节。花序生于叶腋，远比叶长，多分枝；花序柄粗壮，近直立；圆锥花序具多数花；花苞片小，卵形，长约2mm，先端急尖；花梗和子房长约1cm；花开展，萼片和花瓣在背面黄绿色，内面紫褐色，边缘和中肋黄色；中萼片近长圆形，凹，长4.5mm，宽2mm，先端钝；侧萼片斜长圆形，约等大于中萼片，基部贴生于蕊柱足；花瓣比萼片稍小；唇瓣黄色，3裂；侧裂片直立，较小，三角形，先端钝，前缘内侧有时呈胼胝体增厚；中裂片肉质，与距交成钝角，先端翘起呈倒喙状，基部两侧向后伸长为钻状裂片，上面中央具纵走的脊突，其前端高高隆起；距黄色，圆筒状，劲直，长约4.5mm，末端钝，具发达或不甚发达的隔膜，内面背壁上方具长方形的胼胝体；胼胝体上面中央纵向凹陷，基部稍2裂并且密布乳突状毛；蕊柱粗短；药帽前端截形并且具3个缺刻；黏盘柄宽短，近基部屈膝状折叠；黏盘大，新月状或马鞍形。花期5～9月。

【分布及生境】九连山山脉均有分布。生于海拔500～1000m的常绿阔叶林中树干上或沟谷林下岩石上。

【用途】全草药用，具有养阴、润肺、止咳等功效；园林观赏。

贝母兰属 *Coelogyne* Lindl.

流苏贝母兰
Coelogyne fimbriata Lindl

【生物学特征】附生草本。根状茎较细长，匍匐，粗1.5～2.5mm，节间长3～7mm。假鳞茎在根状茎上相距2～4.5(～8)cm，狭卵形至近圆柱形，长2～3(～4.5)cm，粗5～15mm，干后无光泽，顶端生2枚叶，基部具2～3枚鞘；鞘卵形，长1～2cm，老时脱落。叶长圆形或长圆状披针形，纸质，长4～10cm，宽1～2cm，先端急尖；叶柄长1～1.5(～2)cm。花莛从已长成的假鳞茎顶端发出，长5～10cm，基部套叠有数枚圆筒形的鞘；鞘紧密围抱花莛；总状花序通常具1～2朵花，但同一时间只有1朵开放；花序轴顶端为数枚白色苞片所覆盖；花苞片早落；花梗和子房长1～1.2cm；花淡黄色或近白色，仅唇瓣上有红色斑纹；萼片长圆状披针形，长1.6～2cm，宽4～7mm；花瓣丝状或狭线形，与萼片近等长，宽0.7～1mm；唇瓣卵形，3裂，长1.3～1.8cm；侧裂片近卵形，直立，顶端多少具流苏；中裂片近椭圆形，长5～7mm，宽5～6mm，先端钝，边缘具流苏；唇盘上通常具2条纵褶片，从基部延伸至中裂片上部近顶端处，有时在中裂片外侧还有2条短的褶片，唇盘基部还有1条短褶片；褶片上均有不规则波状圆齿；蕊柱稍向前倾，长1～1.3cm，两侧具翅，翅自基部向上渐宽，一侧宽1～1.3mm，顶端略有不规则缺刻或齿。蒴果倒卵形，长1.8～2cm，粗约1cm；果梗长6～7mm。花期8～10月，果期次年4～8月。

【分布及生境】九连山山脉均有分布。生于海拔500～1000m的溪旁林下或沟谷岩石上或林中、林缘树干上。

【用途】全草药用，多用于治疗感冒、咳嗽、风湿骨痛等；园林观赏。

吻兰属 *Collabium* Bl.

台湾吻兰
Collabium formosanum Hayata

【生物学特征】地生草本。假鳞茎疏生于根状茎上，圆柱形，长1.5～3.5cm，粗2～4mm，被鞘。叶厚纸质，卵状披针形或长圆状披针形，长7～22cm，宽3～8cm，先端渐尖，基部近圆形或有时楔形，具长1～2cm的柄，边缘波状，具许多弧形脉。花莛长达38cm；总状花序疏生4～9朵花；花序柄被3枚鞘；花苞片狭披针形，约等长于花梗和子房，通常长1～1.5cm，先端渐尖；萼片和花瓣绿色，先端内面具红色斑点；中萼片狭长圆状披针形，长15～17mm，宽2.2～2.5mm，先端渐尖，具3条脉；侧萼片镰刀状倒披针形，比中萼片稍短而宽，先端渐尖，基部贴生于蕊柱足，具3条脉；花瓣与侧萼片相似，近先端处宽2mm，先端渐尖，具3条脉；唇瓣白色，带红色斑点和条纹，近圆形，长10～14mm，基部具长约5mm的爪，3裂；侧裂片斜卵形，先端锐尖，上缘具不整齐的齿，摊平后两侧裂片先端之间相距约8mm；中裂片倒卵形，宽约5mm，先端近圆形并稍凹入，边缘具不整齐的齿；唇盘在两侧裂片之间具2条褶片；褶片下延到唇瓣的爪上；距圆筒状，长约4mm，末端钝；蕊柱长约1cm，基部扩大，具长约4mm的蕊柱足；蕊柱翅在蕊柱上端扩大而呈圆耳状。花期5～9月。

【分布及生境】九连山山脉均有分布。生于海拔500～800m的山坡密林下或沟谷林下岩石边。

【用途】园林观赏。

杜鹃兰属 *Cremastra* Lindl.

杜鹃兰
Cremastra appendiculate (D. Don) Makino

【生物学特征】地生草本。假鳞茎卵球形或近球形，长1.5～3cm，直径1～3cm，密接，有关节，外被撕裂成纤维状的残存鞘。叶通常1枚，生于假鳞茎顶端，狭椭圆形、近椭圆形或倒披针状狭椭圆形，长18～34cm，宽5～8cm，先端渐尖，基部收狭，近楔形；叶柄长7～17cm，下半部常为残存的鞘所包被。花莛从假鳞茎上部节上发出，近直立，长27～70cm；总状花序长（5～）10～25cm，具5～22朵花；花苞片披针形至卵状披针形，长（3～）5～12mm；花梗和子房长（3～）5～9mm；花常偏花序一侧，多少下垂，不完全开放，有香气，狭钟形，淡紫褐色；萼片倒披针形，从中部向基部骤然收狭而成近狭线形，全长2～3cm，上部宽3.5～5mm，先端急尖或渐尖；侧萼片略斜歪；花瓣倒披针形或狭披针形，向基部收狭成狭线形，长1.8～2.6cm，上部宽3～3.5mm，先端渐尖；唇瓣与花瓣近等长，线形，上部1/4处3裂；侧裂片近线形，长4～5mm，宽约1mm；中裂片卵形至狭长圆形，长6～8mm，宽3～5mm，基部在两枚侧裂片之间具1枚肉质凸起；肉质凸起大小变化甚大，上面有时有疣状小凸起；蕊柱细长，长1.8～2.5cm，顶端略扩大，腹面有时有很狭的翅。蒴果近椭圆形，下垂，长2.5～3cm，宽1～1.3cm。花期5～6月，果期9～12月。

【分布及生境】江西九连山保护区有分布。生于海拔400～700m的林下湿地或沟边湿地上。

【用途】假鳞茎具有清热解毒、化痰散结等功效，还用于治淋巴结核和蛇虫咬伤；园林观赏。

斑叶杜鹃兰
Cremastra unguiculata (Finet) Finet

【生物学特征】地生草本。假鳞茎卵球形或近球形，直径约1.5cm，疏离，有节。叶2枚，生于假鳞茎顶端，狭椭圆形，长10～15cm，宽2～3cm，通常有紫斑，先端渐尖，基部收狭成长柄。花莛从假鳞茎上部或近顶端的节上发出，直立，纤细，长达30cm，中下部有2～3枚筒状鞘；总状花序长10～13cm，具7～9朵花；花苞片卵状披针形，长4～5mm；花梗和子房长9～13mm；花外面紫褐色，内面绿色而有紫褐色斑点，但唇瓣白色；萼片线状倒披针形或狭倒披针形，向基部明显收狭，长1.7～2.2cm，上部宽约2.5mm，先端急尖；侧萼片稍斜歪；花瓣狭倒披针形，长1.5～2cm，上部宽1～1.5mm；唇瓣长1.3～1.5cm，约在上部3/5处3裂，下部有长爪；侧裂片线形，长1～1.5mm；中裂片倒卵形，反折，与爪交成直角，长5～6mm，宽2.5～3.5mm，边缘皱波状，有不规则齿缺，先端钝或有齿缺，基部在两枚侧裂片之间具1枚肉质突起；蕊柱细长，长1.2～1.3cm。花期5～6月。

【分布及生境】江西九连山保护区有分布。生于海拔400～700m的林下湿地或沟边湿地上。

【用途】药用与园林观赏。

兰属 *Cymbidium* Sw.

建兰
Cymbidium ensifolium (L.) Sw.

【生物学特征】地生草本。假鳞茎卵球形，长1.5～2.5cm，宽1～1.5cm，包藏于叶基之内。叶2～4(～6)枚，带形，有光泽，长30～60cm，宽1～1.5(～2.5)cm，前部边缘有时有细齿，关节位于距基部2～4cm处。花莛从假鳞茎基部发出，直立，长20～35cm或更长，但一般短于叶；总状花序具3～9(～13)朵花；花苞片除最下面的1枚长可达1.5～2cm外，其余的长5～8mm，一般不及花梗和子房长度的1/3，至多不超过1/2；花梗和子房长2～2.5(～3)cm；花常有香气，色泽变化较大，通常为浅黄绿色而具紫斑；萼片近狭长圆形或狭椭圆形，长2.3～2.8cm，宽5～8mm；侧萼片常向下斜展；花瓣狭椭圆形或狭卵状椭圆形，长1.5～2.4cm，宽5～8mm，近平展；唇瓣近卵形，长1.5～2.3cm，略3裂；侧裂片直立，多少围抱蕊柱，上面有小乳突；中裂片较大，卵形，外弯，边缘波状，亦具小乳突；唇盘上2条纵褶片从基部延伸至中裂片基部，上半部向内倾斜并靠合，形成短管；蕊柱长1～1.4cm，稍向前弯曲，两侧具狭翅；花粉团4个，成2对，宽卵形。蒴果狭椭圆形，长5～6cm，宽约2cm。花期通常为6～10月。

【分布及生境】九连山山脉全山均有零星分布。生于海拔500～1000m的阔叶林与混交林中。

【用途】全草药用，具有滋阴润肺、止咳化痰、活血、止痛等功效；园林观赏。

蕙兰
Cymbidium faberi Rolfe

【生物学特征】地生草本。假鳞茎不明显。叶5～8枚，带形，直立性强，长25～80cm，宽7～12mm，基部常对折而呈“V”形，叶脉透亮，边缘常有粗锯齿。花莛从叶丛基部最外面的叶腋抽出，近直立或稍外弯，长35～50（～80)cm，被多枚长鞘；总状花序具5～11朵或更多的花；花苞片线状披针形，最下面的1枚长于子房，中上部的长1～2cm，约为花梗和子房长度的1/2，至少超过1/3；花梗和子房长2～2.6cm；花常为浅黄绿色，唇瓣有紫红色斑，有香气；萼片近披针状长圆形或狭倒卵形，长2.5～3.5cm，宽6～8mm；花瓣与萼片相似，常略短而宽；唇瓣长圆状卵形，长2～2.5cm，3裂；侧裂片直立，具小乳突或细毛；中裂片较长，强烈外弯，有明显、发亮的乳突，边缘常皱波状；唇盘上2条纵褶片从基部上方延伸至中裂片基部，上端向内倾斜并汇合，多少形成短管；蕊柱长1.2～1.6cm，稍向前弯曲，两侧有狭翅；花粉团4个，成2对，宽卵形。蒴果近狭椭圆形，长5～5.5cm，宽约2cm。花期3～5月。

【分布及生境】江西九连山保护区有分布。生于海拔500～1000m的阔叶与混交林中。

【用途】全草药用，根皮有小毒，具有润肺止咳、杀虫等功效；园林观赏。

多花兰
Cymbidium floribundum Lindl.

【生物学特征】附生草本。假鳞茎近卵球形，长2.5～3.5cm，宽2～3cm，稍压扁，包藏于叶基之内。叶通常5～6枚，带形，坚纸质，长22～50cm，宽8～18mm，先端钝或急尖，中脉与侧脉在背面凸起（通常中脉较侧脉更为凸起，尤其在下部），关节在距基部2～6cm处。花莛自假鳞茎基部穿鞘而出，近直立或外弯，长16～28（～35)cm；花序通常具10～40朵花；花苞片小；花较密集，直径3～4cm，一般无香气；萼片与花瓣红褐色或偶见绿黄色，极罕灰褐色；唇瓣白色而在侧裂片与中裂片上有紫红色斑，褶片黄色；萼片狭长圆形，长1.6～1.8cm，宽4～7mm；花瓣狭椭圆形，长1.4～1.6cm，与萼片近等宽；唇瓣近卵形，长1.6～1.8cm，3裂；侧裂片直立，具小乳突；中裂片稍外弯，亦具小乳突；唇盘上有2条纵褶片，褶片末端靠合；蕊柱长1.1～1.4cm，略向前弯曲；花粉团2个，三角形。蒴果近长圆形，长3～4cm，宽1.3～2cm。花期4～8月。

【分布及生境】九连山山脉均有分布。生于海拔500～1000m的林中或林缘树上，或沟谷林下的岩石上或岩壁上。

【用途】全草药用，具有滋阴清肺、化痰止咳、清热解毒、补肾健脑等功效；园林观赏。

春兰

Cymbidium goeringii (Rchb. f.) Rchb. f.

【生物学特征】地生草本。假鳞茎较小，卵球形，长1～2.5cm，宽1～1.5cm，包藏于叶基之内。叶4～7枚，带形，通常较短小，长20～40(～60)cm，宽5～9mm，下部常多少对折而呈“V”字形，边缘无齿或具细齿。花莛从假鳞茎基部外侧叶腋中抽出，直立，长3～15(～20)cm，极罕更高，明显短于叶；花序具单朵花，极罕2朵；花苞片长而宽，一般长4～5cm，多少围抱子房；花梗和子房长2～4cm；花色泽变化较大，通常为绿色或淡褐黄色而有紫褐色脉纹，有香气；萼片近长圆形至长圆状倒卵形，长2.5～4cm，宽8～12mm；花瓣倒卵状椭圆形至长圆状卵形，长1.7～3cm，与萼片近等宽，展开或多少围抱蕊柱；唇瓣近卵形，长1.4～2.8cm，不明显3裂；侧裂片直立，具小乳突，在内侧靠近纵褶片处各有1个肥厚的皱褶状物；中裂片较大，强烈外弯，上面亦有乳突，边缘略呈波状；唇盘上2条纵褶片从基部上方延伸至中裂片基部以上，上部向内倾斜并靠合，多少形成短管状；蕊柱长1.2～1.8cm，两侧有较宽的翅；花粉团4个，成2对。蒴果狭椭圆形，长6～8cm，宽2～3cm。花期1～3月。

【分布及生境】九连山山脉有零星分布。生于海拔500～1000m的阔叶林中多石山坡下部、林缘、林中透光处。

【用途】其根、叶、花均可入药，治疗神经衰弱、阴虚、肺结核咳血、跌打损伤等；园林观赏。

寒兰

Cymbidium kanran Makino

【生物学特征】地生草本。假鳞茎狭卵球形，长2～4cm，宽1～1.5cm，包藏于叶基之内。叶3～5(～7)枚，带形，薄革质，暗绿色，略有光泽，长40～70cm，宽9～17mm，前部边缘常有细齿，关节位于距基部4～5cm处。花莛出自假鳞茎基部，长25～60(～80) cm，直立；总状花序疏生5～12朵花；花苞片狭披针形，最下面1枚长可达4cm，中部与上部的长1.5～2.6cm，一般与花梗和子房近等长；花梗和子房长2～2.5(～3)cm；花常为淡黄绿色而具淡黄色唇瓣，也有其他色泽，常有浓烈香气；萼片近线形或线状狭披针形，长3～5(～6)cm，5(～7)～13.5mm，先端渐尖；花瓣常为狭卵形或卵状披针形，长2～3cm，宽5～10mm；唇瓣近卵形，不明显的3裂，长2～3cm；侧裂片直立，多少围抱蕊柱，有乳突状短柔毛；中裂片较大，外弯，上面亦有类似的乳突状短柔毛，边缘稍有缺刻；唇盘上2条纵褶片从基部延伸至中裂片基部，上部向内倾斜并靠合，形成短管；蕊柱长1～1.7cm，稍向前弯曲，两侧有狭翅；花粉团4个，成2对，宽卵形。蒴果狭椭圆形，长约4.5cm，宽约1.8cm。花期8～12月。

【分布及生境】江西九连山保护区全山有零星分布。生于海拔300～1000m林下、溪谷旁或稍荫蔽、湿润的阔叶林中山坡下部多石之土壤上。

【用途】园林观赏。

兔耳兰
Cymbidium lancifolium Hook.

【生物学特征】半附生草本。假鳞茎近扁圆柱形或狭梭形，长2～7(～15)cm，宽5～10(～15)mm，有节，多少裸露，顶端聚生2～4枚叶。叶倒披针状长圆形至狭椭圆形，长6～17cm或更长，4(～6)～11.9cm，先端渐尖，上部边缘有细齿，基部收狭为柄；叶柄长3～18cm。花莛从假鳞茎下部侧面节上发出，直立，长8～20cm或更长；花序具2～6朵花，较少减退为单花或具更多的花；花苞片披针形，长1～1.5cm；花梗和子房长2～2.5cm；花通常白色至淡绿色，花瓣上有紫栗色中脉，唇瓣上有紫栗色斑；萼片倒披针状长圆形，长2.2～2.7(～3)cm，宽5～7mm；花瓣近长圆形，长1.5～2.3cm，宽5～7mm；唇瓣近卵状长圆形，长1.5～2cm，稍3裂；侧裂片直立，多少围抱蕊柱；中裂片外弯；唇盘上2条纵褶片从基部上方延伸至中裂片基部，上端向内倾斜并靠合，多少形成短管；蕊柱长约1.5cm；花粉团4个，成2对。蒴果狭椭圆形，长约5cm，宽约1.5cm。花期5～8月。

【分布及生境】九连山山脉均有分布。生于海拔600～1000m沟谷林下、竹林下、林缘、阔叶林下或溪谷旁的岩石上、树上或地上。

【用途】全草药用，具有补肝肺、祛风除湿、强筋骨、清热解毒、消肿等功效；园林观赏。

峨眉春蕙

Cymbidium omeiense Y. S. Wu et S. C. Chen

【生物学特征】地生草本。假鳞茎不明显。叶4或5枚，带形，长15～30(～35)cm，宽0.6～1.0cm，近革质，没有透明的脉，基部没有节，边缘有细锯齿，先端渐尖。花序近基生，从假鳞茎侧面伸出，稍拱或弯曲，长15～17cm，花序梗有4～6枚苞片，长5～25mm，花轴上着花3～4朵；花苞片线状或披针形，长15～25mm，宽2～4mm。花芳香，每年出现两次，直径约5cm，花梗和子房15～25mm，萼片和花瓣淡黄绿色，萼片基部半具紫红色中脉，花瓣具紫红色斑点，唇瓣浅黄绿色具一中狭心形紫红色斑块，腹部有紫红色条纹。萼片线形或披针形，长25～30mm，宽3～5mm，先端渐尖；花瓣菱形或披针形，稍斜，长16～18mm，宽3～4mm，先端渐尖；唇瓣卵形，长约20mm，不包围蕊柱，中部有3裂；侧面裂片直立，近圆形；中裂片下弯，卵形，长约11mm，宽约8mm；唇盘上2条纵褶片，上有乳头状凸起，无毛。蕊柱长约11mm；花粉块4个，成2对。蒴果近椭圆形，长4.5～5cm，宽1.5～2cm。花期3～5月。

【分布及生境】江西九连山保护区有分布。生于海拔600～1000m的阔叶与混交林中。

【用途】园林观赏。

墨兰
Cymbidium sinense (Jackson ex Andr.) Willd.

【生物学特征】地生草本。假鳞茎卵球形，长2.5～6cm，宽1.5～2.5cm，包藏于叶基之内。叶3～5枚，带形，近薄革质，暗绿色，长45～80（～110)cm，宽(1.5～)2～3cm，有光泽，关节位于距基部3.5～7cm处。花莛从假鳞茎基部发出，直立，较粗壮，长(40～)50～90cm，一般略长于叶；总状花序具10～20朵或更多的花；花苞片除最下面的1枚长于1cm外，其余的长4～8mm；花梗和子房长2～2.5cm；花的色泽变化较大，较常为暗紫色或紫褐色而具浅色唇瓣，也有黄绿色、桃红色或白色的，一般有较浓的香气；萼片狭长圆形或狭椭圆形，长2.2～3(～3.5）cm，宽5～7mm；花瓣近狭卵形，长2～2.7cm，宽6～10mm；唇瓣近卵状长圆形，宽1.7～2.5(～3)cm，不明显3裂；侧裂片直立，多少围抱蕊柱，具乳突状短柔毛；中裂片较大，外弯，亦有类似的乳突状短柔毛，边缘略波状；唇盘上2条纵褶片从基部延伸至中裂片基部，上半部向内倾斜并靠合，形成短管；蕊柱长1.2～1.5cm，稍向前弯曲，两侧有狭翅；花粉团4个，成2对，宽卵形。蒴果狭椭圆形，长6～7cm，宽1.5～2cm。花期12月至次年3月。

【分布及生境】广东连平保护区有分布，生于海拔500～1000m乔木林下、灌木林中或溪谷旁湿润但排水良好的荫蔽处。

【用途】园林观赏。

肉果兰属 *Cyrtosia* Bl.

血红肉果兰
Cyrtosia septentrionalis (Rchb. F.) Garay.

【生物学特征】较高大腐生草本。根状茎粗壮，近横走，粗1～2cm，疏被卵形鳞片。茎直立，红褐色，高30～170cm，下部近无毛，上部被锈色短茸毛。花序顶生和侧生；侧生总状花序长3～7(～10)cm，具4～9朵花；花序轴被锈色短茸毛；总状花序基部的不育苞片卵状披针形，长1.5～2.5cm；花苞片卵形，长2～3mm，背面被锈色毛；花梗和子房长1.5～2cm，密被锈色短茸毛；花黄色，多少带红褐色；萼片椭圆状卵形，长达2cm，背面密被锈色短茸毛；花瓣与萼片相似，略狭，无毛；唇瓣近宽卵形，短于萼片，边缘有不规则齿缺或呈啮蚀状，内面沿脉上有毛状乳突或偶见鸡冠状褶片；蕊柱长约7mm。果实肉质，血红色，近长圆形，长7～13cm，宽1.5～2.5cm。种子周围有狭翅，连翅宽不到1mm。花期5～7月，果期9月。

【分布及生境】九连山山脉龙南境内有分布，生于海拔400～800m的阔叶林或混交林中。

【用途】民间药用。

石斛属 *Dendrobium* Sw.

钩状石斛
Dendrobium aduncum Lindl.

【生物学特征】附生草本。茎下垂，圆柱形，长50～100cm，粗2～5mm，有时上部多少弯曲，不分枝，具多个节，节间长3～3.5cm，干后淡黄色。叶长圆形或狭椭圆形，长7～10.5cm，宽1～3.5cm，先端急尖并且钩转，基部具抱茎的鞘。总状花序通常数个，出自落叶后或具叶的老茎上部；花序轴纤细，长1.5～4cm，多少回折状弯曲，疏生1～6朵花；花序柄长5～10mm，基部被3～4枚长2～3mm的膜质鞘；花苞片膜质，卵状披针形，长5～7mm，先端急尖；花梗和子房长约1.5cm；花开展，萼片和花瓣淡粉红色；中萼片长圆状披针形，长1.6～2cm，宽7mm，先端锐尖，具5条脉；侧萼片斜卵状三角形，与中萼片等长而宽得多，先端急尖，具5条脉，基部歪斜；萼囊明显坛状，长约1cm；花瓣长圆形，长1.4～1.8cm，宽7mm，先端急尖，具5条脉；唇瓣白色，朝上，凹陷呈舟状，展开时为宽卵形，长1.5～1.7cm，前部骤然收狭而先端为短尾状并且反卷，基部具长约5mm的爪，上面除爪和唇盘两侧外密布白色短毛，近基部具1个绿色方形的胼胝体；蕊柱白色，长约4mm，下部扩大，顶端两侧具耳状的蕊柱齿，正面密布紫色长毛；蕊柱足长而宽，长约1cm，向前弯曲，末端与唇瓣相连接处具1个关节，内面有时疏生毛；药帽深紫色，近半球形，密布乳突状毛，顶端稍凹，前端边缘具不整齐的齿。花期5～6月。

【分布及生境】九连山山脉均有分布。生于海拔600～1000m的沟谷河岸枫杨或大叶樟树干上。

【用途】全草药用，具有益胃生津、滋阴清热的功效；园林观赏。

密花石斛
Dendrobium densiflorum Lindl.

【生物学特征】附生草本。茎粗壮，通常棒状或纺锤形，长25～40cm，粗达2cm，下部常收狭为细圆柱形，不分枝，具数个节和4个纵棱，有时棱不明显，干后淡褐色并且带光泽。叶常3～4枚，近顶生，革质，长圆状披针形，长8～17cm，宽2.6～6cm，先端急尖，基部不下延为抱茎的鞘。总状花序从上一年或2年生具叶的茎上端发出，下垂，密生许多花，花序柄基部被2～4枚鞘；花苞片纸质，倒卵形，长1.2～1.5cm，宽6～10mm，先端钝，具约10条脉，干后多少席卷；花梗和子房白绿色，长2～2.5cm；花开展，萼片和花瓣淡黄色；中萼片卵形，长1.7～2.1cm，宽8～12mm，先端钝，具5条脉，全缘；侧萼片卵状披针形，近等大于中萼片，先端近急尖，具5～6条脉，全缘；萼囊近球形，宽约5mm；花瓣近圆形，长1.5～2cm，宽1.1～1.5cm，基部收狭为短爪，中部以上边缘具啮齿，具3条主脉和许多支脉；唇瓣金黄色，圆状菱形，长1.7～2.2cm，宽达2.2cm，先端圆形，基部具短爪，中部以下两侧围抱蕊柱，上面和下面的中部以上密被短茸毛；蕊柱橘黄色，长约4mm；药帽橘黄色，前后压扁的半球形或圆锥形，前端边缘截形，并且具细缺刻。花期4～5月。

【分布及生境】广东黄牛石保护区有分布。生于海拔400～700m的常绿阔叶林中树干上或山谷石壁上。

【用途】全草药用，具有益胃生津、滋阴清热的功效；园林观赏。

重唇石斛

Dendrobium hercoglossum Rchb. f.

【生物学特征】附生草本。茎下垂，圆柱形或有时从基部上方逐渐变粗，通常长8～40cm，粗2～5mm，具少数至多数节，节间长1.5～2cm，干后淡黄色。叶薄革质，狭长圆形或长圆状披针形，长4～10cm，宽4～8(～14)mm，先端钝并且不等侧2圆裂，基部具紧抱于茎的鞘。总状花序通常数个，从落叶后的老茎上发出，常具2～3朵花；花序轴瘦弱，长1.5～2cm，有时稍回折状弯曲；花序柄绿色，长6～10mm，基部被3～4枚短筒状鞘；花苞片小，干膜质，卵状披针形，长3～5mm，先端急尖；花梗和子房淡粉红色，长12～15mm；花开展，萼片和花瓣淡粉红色；中萼片卵状长圆形，长1.3～1.8cm，宽5～8mm，先端急尖，具7条脉；侧萼片稍斜卵状披针形，与中萼片等大，先端渐尖，具7条脉，萼囊很短；花瓣倒卵状长圆形，长1.2～1.5cm，宽4.5～7mm，先端锐尖，具3条脉；唇瓣白色，直立，长约1cm，分前、后唇；前唇淡粉红色，较小，三角形，先端急尖，无毛；后唇半球形，前端密生短流苏，内面密生短毛；蕊柱白色，长约4mm，下部扩大，具长约2mm的蕊柱足；蕊柱齿三角形，先端稍钝；药帽紫色，半球形，密布细乳突，前端边缘啮蚀状。花期5～6月。

【分布及生境】九连山山脉均有零星分布。生于海拔500～1000m的阔叶林沟谷中树干上和山谷湿润岩石上。

【用途】全草药用，具有益胃生津、滋阴清热的功效；园林观赏。

霍山石斛

Dendrobium huoshanense C. Z. Tang et S. J. Cheng

【生物学特征】附生草本。茎直立，肉质，长3～9cm，基部上方粗3～18mm，从基部上方向上逐渐变细，不分枝，具3～7节，节间长3～8mm，淡黄绿色，有时带淡紫红色斑点，干后淡黄色。叶革质，2～3枚互生于茎的上部，斜出，舌状长圆形，长9～21cm，宽5～7mm，先端钝并且微凹，基部具抱茎的鞘；叶鞘膜质，宿存。总状花序1～3个，从落叶后的老茎上部发出，具1～2朵花；花序柄长2～3mm，基部被1～2枚鞘；鞘纸质，卵状披针形，长3～4mm，先端锐尖；花苞片浅白色带栗色，卵形，长3～4mm，先端锐尖；花梗和子房浅黄绿色，长2～2.7cm；花淡黄绿色，开展；中萼片卵状披针形，长12～14mm，宽4～5mm，先端钝，具5条脉；侧萼片镰状披针形，长12～14mm，宽5～7mm，先端钝，基部歪斜；萼囊近矩形，长5～7mm，末端近圆形；花瓣卵状长圆形，通常长12～15mm，宽6～7mm，先端钝，具5条脉；唇瓣近菱形，长和宽约相等，1～1.5cm，基部楔形并且具1个胼胝体，上部稍3裂，两侧裂片之间密生短毛，近基部处密生长白毛；中裂片半圆状三角形，先端近钝尖，基部密生长白毛并且具1个黄色横椭圆形的斑块；蕊柱淡绿色，长约4mm，具长7mm的蕊柱足；蕊柱足基部黄色，密生长白毛，两侧偶具齿突；药帽绿白色，近半球形，长1.5mm，顶端微凹。花期5月。

【分布及生境】江西省境内九连山有零星分布。生于海拔500～1000m的山地林中树干上和山谷岩石上。

【用途】全草药用，具有益胃生津、滋阴清热的功效；园林观赏。

美花石斛
Dendrobium loddigesii Rolfe

【生物学特征】附生草本。茎柔弱，常下垂，细圆柱形，长10～45cm，粗约3mm，有时分枝，具多节；节间长1.5～2cm，干后金黄色。叶纸质，二列，互生于整个茎上，舌形、长圆状披针形或稍斜长圆形，通常长2～4cm，宽1～1.3cm，先端锐尖而稍钩转，基部具鞘，干后上表面的叶脉隆起呈网格状；叶鞘膜质，干后鞘口常张开。花白色或紫红色，每束1～2朵侧生于具叶的老茎上部；花序柄长2～3mm，基部被1～2枚短的杯状膜质鞘；花苞片膜质，卵形，长约2mm，先端钝；花梗和子房淡绿色，长2～3cm；中萼片卵状长圆形，长1.7～2cm，宽约7mm，先端锐尖，具5条脉；侧萼片披针形，长1.7～2cm，宽6～7mm，先端急尖，基部歪斜，具5条脉；萼囊近球形，长约5mm；花瓣椭圆形，与中萼片等长，宽8～9mm，先端稍钝，全缘，具3～5条脉；唇瓣近圆形，直径1.7～2cm，上面中央金黄色，周边淡紫红色，稍凹，边缘具短流苏，两面密布短柔毛；蕊柱白色，正面两侧具红色条纹，长约4mm；药帽白色，近圆锥形，密布细乳突状毛，前端边缘具不整齐的齿。花期4～5月。

【分布及生境】广东黄牛石保护区有分布。生于海拔500～900m的山地林中树干上或林下岩石上。

【用途】全草药用，具有益胃生津、滋阴清热的功效；园林观赏。

罗河石斛

Dendrobium lohohense Tang et Wang

【生物学特征】附生草本。茎质地稍硬，圆柱形，长达80cm，粗3～5mm，具多节，节间长13～23mm，上部节上常生根而分出新枝条，干后金黄色，具数条纵条棱。叶薄革质，二列，长圆形，长3～4.5cm，宽5～16mm，先端急尖，基部具抱茎的鞘，叶鞘干后松抱茎，鞘口常张开。花蜡黄色，稍肉质，总状花序减退为单朵花，侧生于具叶的茎端或叶腋，直立；花序柄无；花苞片蜡质，阔卵形，小，长约3mm，先端急尖；花梗和子房长达15mm，子房常棒状肿大；花开展；中萼片椭圆形，长约15mm，宽9mm，先端圆钝，具7条脉；侧萼片斜椭圆形，比中萼片稍长，但较窄，先端钝，具7条脉；萼囊近球形，长约5mm；花瓣椭圆形，长17mm，宽约10mm，先端圆钝，具7条脉；唇瓣不裂，倒卵形，长20mm，宽17mm，基部楔形而两侧围抱蕊柱，前端边缘具不整齐的细齿；蕊柱长约3mm，顶端两侧各具2个蕊柱齿；药帽近半球形，光滑，前端近截形而向上反折，其边缘具细齿。蒴果椭圆状球形，长4cm，粗1.2cm。花期6月，果期7～8月。

【分布及生境】九连山山脉均有分布。生于海拔500～1000m的山地林中树干上或林下岩石上。

【用途】全草药用，具有益胃生津、滋阴清热的功效；园林观赏。

细茎石斛
Dendrobium moniliforme (L.) Sw.

【生物学特征】附生草本。茎直立，细圆柱形，通常长10～20cm，或更长，粗3～5mm，具多节，节间长2～4cm，干后金黄色或黄色带深灰色。叶数枚，二列，常互生于茎的中部以上，披针形或长圆形，长3～4.5cm，宽5～10mm，先端钝并且稍不等侧2裂，基部下延为抱茎的鞘。总状花序2至数个，生于茎中部以上具叶和落叶后的老茎上，通常具1～3朵花；花序柄长3～5mm；花苞片干膜质，浅白色带褐色斑块，卵形，长3～4(～8)mm，宽2～3mm，先端钝；花梗和子房纤细，长1～2.5cm；花黄绿色、白色或白色带淡紫红色，有时芳香；萼片和花瓣相似，卵状长圆形或卵状披针形，长(1～)1.3～1.7(～2.3)cm，宽(1.5～)3～4(～8)mm，先端锐尖或钝，具5条脉；侧萼片基部歪斜而贴生于蕊柱足；萼囊圆锥形，长4～5mm，宽约5mm，末端钝；花瓣通常比萼片稍宽；唇瓣白色、淡黄绿色或绿白色，带淡褐色或紫红色至浅黄色斑块，整体轮廓卵状披针形，比萼片稍短，基部楔形，3裂；侧裂片半圆形，直立，围抱蕊柱，边缘全缘或具不规则的齿；中裂片卵状披针形，先端锐尖或稍钝，全缘，无毛；唇盘在两侧裂片之间密布短柔毛，基部常具1个椭圆形胼胝体，近中裂片基部通常具1个紫红色、淡褐色或浅黄色的斑块；蕊柱白色，长约3mm；药帽白色或淡黄色，圆锥形，顶端不裂，有时被细乳突；蕊柱足基部常具紫红色条纹，无毛或有时具毛。花期通常3～5月。

【分布及生境】江西九连山保护区有分布。生于海拔500～1000m的阔叶林中树干上或山谷岩壁上。

【用途】全草药用，具有益胃生津、滋阴清热的功效；园林观赏。

铁皮石斛
Dendrobium officinale Kimura et Migo

【生物学特征】附生草本。茎直立，圆柱形，长9～35cm，粗2～4mm，不分枝，具多节，节间长1～3cm，常在中部以上互生3～5枚叶。叶二列，纸质，长圆状披针形，长3～4(～7)cm，宽9～11(～15)mm，先端钝并且多少钩转，基部下延为抱茎的鞘，边缘和中肋常带淡紫色；叶鞘常具紫斑，老时其上缘与茎松离而张开，并且与节留下1个环状铁青的间隙。总状花序常从落叶后的老茎上部发出，具2～3朵花；花序柄长5～10mm，基部具2～3枚短鞘；花序轴回折状弯曲，长2～4cm；花苞片干膜质，浅白色，卵形，长5～7mm，先端稍钝；花梗和子房长2～2.5cm；萼片和花瓣黄绿色，近相似，长圆状披针形，长约1.8cm，宽4～5mm，先端锐尖，具5条脉；侧萼片基部较宽阔，宽约1cm；萼囊圆锥形，长约5mm，末端圆形；唇瓣白色，基部具1个绿色或黄色的胼胝体，卵状披针形，比萼片稍短，中部反折，先端急尖，不裂或不明显3裂，中部以下两侧具紫红色条纹，边缘多少波状；唇盘密布细乳突状的毛，并且在中部以上具1个紫红色斑块；蕊柱黄绿色，长约3mm，先端两侧各具1个紫点；蕊柱足黄绿色带紫红色条纹，疏生毛；药帽白色，长卵状三角形，长约2.3mm，顶端近锐尖并且2裂。花期3～6月。

【分布及生境】江西省境内九连山有分布。生于海拔达500～1000m山地半阴湿的岩石上。

【用途】全草药用，具有益胃生津、滋阴清热的功效；园林观赏。

单葶草石斛

Dendrobium porphyrochilum Lindl.

【生物学特征】附生草本。茎肉质，直立，圆柱形或狭长的纺锤形，长1.5～4cm，粗2～4mm，基部稍收窄，中部以上向先端逐渐变细，具数个节间，当年生的节间被叶鞘所包裹。叶3～4枚，二列、互生，纸质，狭长圆形，长达4.5cm，宽6～10mm，先端锐尖并且不等侧2裂，基部收窄而后扩大为鞘；叶鞘草质，偏臌状。总状花序单生于茎顶，远高出叶外，长达8cm，弯垂，具数朵至10余朵小花；花苞片狭披针形，等长或长于花梗连同子房，长约9mm，宽约1mm，先端渐尖；花梗和子房细如发状，长约8mm；花开展，质地薄，具香气，金黄色或萼片和花瓣淡绿色带红色脉纹，具3条脉；中萼片狭卵状披针形，长8～9mm，基部宽1.8～2mm，先端渐尖呈尾状；侧萼片狭披针形，与中萼片等长而稍较宽，基部歪斜，先端渐尖；萼囊小，近球形；花瓣狭椭圆形，长6.5～7mm，宽约1.8mm，先端急尖；唇瓣暗紫褐色，边缘淡绿色，近菱形或椭圆形，凹，不裂，长5mm，宽约2mm，先端近急尖，全缘，唇盘中央具3条多少增厚的纵脊；蕊柱白色带紫，长约1mm，基部扩大；蕊柱足长1.4mm；药帽半球形，光滑。花期6月。

【分布及生境】江西九连山保护区大丘田有分布。生于海拔达500～1000m的山地林中树干上或林下石壁上。

【用途】全草药用，具有益胃生津、滋阴清热的功效；园林观赏。

始兴石斛
Dendrobium shixingense Z. L. Chen.

【生物学特征】附生草本。茎直立或下垂，圆柱形。叶5～7枚，于茎上部交替互生，长圆状披针形。花序1～3朵花，花序梗4～5cm，基部具有2枚膜质鞘；花苞片淡黄色，卵状三角形；花朵散布，花梗和子房长2～2.5cm，白绿色或浅紫色；萼片淡粉红色，基部略带白色；花瓣粉色，下部略带淡粉红色；唇部白色，先端边缘粉红色，中部正面部分有大紫色薄片斑点的唇盘；中萼片卵状披针形，长约20mm，宽7mm，5脉，先端锐尖；侧萼片斜卵形或披针形，5脉，急尖；花瓣卵状椭圆形，长20mm，宽13mm，5脉，先端尖锐；唇部宽卵形，正面密被短柔毛，后部有舌状胼胝体，基部楔形，边缘不明显3裂，先端尖锐；花粉块4。

【分布及生境】江西九连山保护区有分布。生于海拔400～900m河谷边的树干或岩石上。

【用途】全草药用，具有生津养胃、滋阴清热的功效；园林观赏。

广东石斛
Dendrobium wilsonii Rolfe.

【生物学特征】附生草本。茎直立或斜立，细圆柱形，通常长10～30cm，粗4～6mm，不分枝，具少数至多数节，节间长1.5～2.5cm，干后淡黄色带污黑色。叶革质，二列、数枚，互生于茎的上部，狭长圆形，长3～5(～7)cm，宽6～12(～15)mm，先端钝并且稍不等侧2裂，基部具抱茎的鞘；叶鞘革质，老时呈污黑色，干后鞘口常呈杯状张开。总状花序1～4个，从落叶后的老茎上部发出，具1～2朵花；花序柄长3～5mm，基部被3～4枚宽卵形的膜质鞘；花苞片干膜质，浅白色，中部或先端栗色，长4～7mm，先端渐尖；花梗和子房白色，长2～3cm；花大，乳白色，有时带淡红色，开展；中萼片长圆状披针形，长(2.3～)2.5～4cm，宽7～10mm，先端渐尖，具5～6条主脉和许多支脉；侧萼片三角状披针形，与中萼片等长，宽7～10mm，先端渐尖，基部歪斜而较宽，具5～6条主脉和许多支脉；萼囊半球形，长1～1.5cm；花瓣近椭圆形，长(2.3～)2.5～4cm，宽1～1.5cm，先端锐尖，具5～6条主脉和许多支脉；唇瓣卵状披针形，比萼片稍短而宽得多，3裂或不明显3裂，基部楔形，其中央具1个胼胝体；侧裂片直立，半圆形；中裂片卵形，先端急尖；唇盘中央具1个黄绿色的斑块，密布短毛；蕊柱长约4mm；蕊柱足长约1.5cm，内面常具淡紫色斑点；药帽近半球形，密布细乳突。花期5月。

【分布及生境】广东黄牛石保护区有分布。生于海拔400～800m的山地阔叶林中树干上或林下岩石上。

【用途】全草药用，具有生津养胃、滋阴清热的功效；园林观赏。

厚唇兰属 *Epigeneium* Gagnep.

单叶厚唇兰
Epigeneium fargesii (Finet) Gagnep.

【生物学特征】附生草本。根状茎匍匐，粗2～3mm，密被栗色筒状鞘，每相距约1cm生1个假鳞茎。假鳞茎斜立，一侧多少偏臌，中部以下贴伏于根状茎，近卵形，长约1cm，粗3～5mm，顶生1枚叶，基部被膜质栗色鞘。叶厚革质，干后栗色，卵形或宽卵状椭圆形，长1～2.3cm，宽7～11mm，先端圆形而中央凹入，基部收狭，近无柄或楔形收窄呈短柄。花序生于假鳞茎顶端，具单朵花；花序柄长约1cm，基部被2～3枚膜质鞘；花苞片膜质，卵形，长约3mm；花梗和子房长约7mm；花不甚张开，萼片和花瓣淡粉红色；中萼片卵形，长约1cm，宽6mm，先端急尖，具5条脉；侧萼片斜卵状披针形，长约1.5cm，宽6mm，先端急尖，基部贴生在蕊柱足上而形成明显的萼囊，萼囊长约5mm；花瓣卵状披针形，比侧萼片小，先端急尖，具5条脉；唇瓣几乎白色，小提琴状，长约2cm，前、后唇等宽，宽约11mm；前唇伸展，近肾形，先端深凹，边缘多少波状；后唇两侧直立；唇盘具2条纵向的龙骨脊，其末端终止于前唇的基部并且增粗呈乳头状；蕊柱粗壮，长约5mm；蕊柱足长约1.5mm。花期通常4～5月。

【分布及生境】江西九连山保护区有分布。生于海拔500～800m沟谷岩石上或山地林中树干上。

【用途】全草药用，用于跌打损伤、腰肌劳损、骨折；园林观赏。

虎舌兰属
Epipogium Gmelin ex Borkhausen

虎舌兰
Epipogium roseum (D. Don) Lindl.

【生物学特征】腐生草本。植株高（15～）20～45cm，地下具块茎；块茎狭椭圆形或近椭圆形，长2～5cm，直径0.7～2cm，肉质，横卧。地上茎直立，白色，肉质，无绿叶，具4～8枚鞘；鞘白色，膜质，抱茎，长7～13mm。总状花序顶生，具6～16朵花；花苞片膜质，卵状披针形，长7～12mm，宽5～7mm；花梗纤细，长3～7mm；子房长5～7mm；花白色，不甚张开，下垂；萼片线状披针形或宽披针形，长8～11mm，宽2～3mm，先端近急尖；花瓣与萼片相似，常略短而宽于萼片；唇瓣凹陷，不裂，卵状椭圆形，略长于萼片，一般长8～12mm；唇盘上常有2条密生小疣的纵脊，较少纵脊不明显；距圆筒状，长3～4.5mm，宽1.2～1.8mm，明显短于唇瓣；蕊柱短而粗，长2.5～3.5mm；花药近球形。蒴果宽椭圆形，长5～7mm，宽约5mm。花果期4～6月。

【分布及生境】江西九连山保护区虾公塘和大丘田的公路边有分布。生于海拔500～900m林下或沟谷边荫蔽处。

【用途】全草入药，有清热利湿、活血止血、消肿解毒等功效；园林观赏。

美冠兰属 *Eulophia* R. Br. ex Lindl.

紫花美冠兰
Eulophia spectabilis (Dennst.) Suresh

【生物学特征】地生草本。假鳞茎块状，多少近球形，直径3～4cm，位于地下，疏生数条根。叶2～3枚，长圆状披针形，长20～40cm，宽2.5～ 6cm，先端渐尖，基部收狭成柄；叶柄套叠成长14～34cm的假茎，外面有数枚鞘。花叶同时；花莛侧生，穿鞘而出，高35～65cm，中部以下具数枚圆筒状鞘；总状花序直立，长10～20cm，通常疏生数朵花；花苞片膜质，披针形，长1.5～2cm；花梗和子房长1.5～2.5cm；花直径约2.5cm，紫红色，唇瓣稍带黄色；中萼片线形或狭长圆形，长1.8～2cm，宽3～5mm，先端钝或急尖；侧萼片与中萼片相似，但略长而斜歪，着生于蕊柱足上；花瓣近长圆形，长1.5～1.7cm，宽5～9mm，先端钝；唇瓣着生于蕊柱足末端，卵状长圆形，长1.2～1.6cm，宽8～12mm，几不裂，先端近截形或微凹，边缘（特别是上部边缘）多少皱波状，基部收狭；唇盘上的脉稍粗厚或略呈纵脊状；距着生于蕊柱足下方，完全附着于蕊柱足，仅前部与唇瓣连生，圆锥形，宽阔，长6～9mm；蕊柱长6～8mm（不连花药），蕊柱足长6～10mm。花期4～6月。

【分布及生境】九连山山脉均有零星分布。生于海拔300～800m的混交林下或草坡。

【用途】园林观赏。

无叶美冠兰
Eulophia zollingeri (Rchb. f.) J. J. Smith

【生物学特征】腐生草本。无绿叶。假鳞茎块状，近长圆形，淡黄色，长3～8cm，直径1.5～2cm，有节，位于地下。花莛粗壮，褐红色，高(15～)40～80cm，自下至上有多枚鞘；总状花序直立，长达13cm，疏生数朵至10余朵花；花苞片狭披针形或近钻形，长1～2.5cm；花梗和子房长1.6～1.8cm；花褐黄色，直径2.5～3cm；中萼片椭圆状长圆形，长1.5～1.8mm，宽4～7mm，先端渐尖；侧萼片近长圆形，明显长于中萼片，稍斜歪，基部着生于蕊柱足上；花瓣倒卵形，长1.1～1.4cm，宽5～7mm，先端具短尖；唇瓣生于蕊柱足上，近倒卵形或长圆状倒卵形，长1.4～1.5cm，3裂；侧裂片近卵形或长圆形，多少围抱蕊柱；中裂片卵形，长4～5mm，宽3～4mm，上面有5～7条粗脉下延至唇盘上部，脉上密生乳突状腺毛；唇盘上其他部分亦疏生乳突状腺毛，中央有2条近半圆形的褶片；基部的圆锥形囊长约2mm；蕊柱长约5mm，基部有长达4mm的蕊柱足。花期4～6月。

【分布及生境】九连山山脉均有零星分布。生于海拔300～800m的疏林下、竹林或草坡上。

【用途】园林观赏。

山珊瑚属 *Galeola* Lour.

山珊瑚
Galeola faberi Rolfe

【生物学特征】高大腐生植物，半灌木状。根状茎粗壮，横走，直径可达2cm，疏被宽卵形鳞片。茎直立，红褐色，基部多少木质化，高1～2m，仅上部疏被锈色短茸毛。圆锥花序由顶生和侧生的总状花序组成；侧生总状花序长5～10cm，通常具4～7朵花，其总花梗一般较长（2～4cm）；总状花序基部的不育苞片披针形，长1～2cm，无毛；花苞片披针形或卵状披针形，长1～4mm，背面无毛；花梗和子房一般长1～2cm，多少被锈色短茸毛；花黄色，开放后直径约3.5cm；萼片狭椭圆形或近长圆形，长2.8～3cm，宽6～8mm，先端钝，背面稍被极短的锈色茸毛；花瓣与萼片相似，无毛；唇瓣倒卵形，不裂，长约2cm，宽约1.2cm，下部凹陷，两侧边缘内弯，边缘具不规则缺刻并多少波状，内面具多条粗厚的纵脉，脉上生有不规则的褶片或圆齿，尤以上部为多；蕊柱长8～10mm。花期5～7月。

【分布及生境】江西九连山保护区茶园村有分布。生于海拔500～900m的疏林下或竹林下多腐殖质和湿润处。

【用途】以全草、果实入药，功能类似天麻，效力较次；园林观赏。

毛萼山珊瑚

Galeola lindleyana (Hook. f. et Thoms.) Rchb. f.

【生物学特征】高大腐生植物，半灌木状。根状茎粗厚，直径可达2～3cm，疏被卵形鳞片。茎直立，红褐色，基部多少木质化，高1～3m，多少被毛或老时变为秃净，节上具宽卵形鳞片。圆锥花序由顶生与侧生总状花序组成；侧生总状花序一般较短，长2～5(～10)cm，具数朵至10余朵花，通常具很短的总花梗；总状花序基部的不育苞片卵状披针形，长1.5～2.5cm，近无毛；花苞片卵形，长5～6mm，背面密被锈色短茸毛；花梗和子房长1.5～2cm，常多少弯曲，密被锈色短茸毛；花黄色，开放后直径可达3.5cm；萼片椭圆形至卵状椭圆形，长1.6～2cm，宽9～11mm，背面密被锈色短茸毛并具龙骨状凸起；侧萼片常比中萼片略长；花瓣宽卵形至近圆形，略短于中萼片，宽12～14mm，无毛；唇瓣凹陷成杯状，近半球形，不裂，直径约1.3cm，边缘具短流苏，内面被乳突状毛，近基部处有1个平滑的胼胝体；蕊柱棒状，长约7mm；药帽上有乳突状小刺。果实近长圆形，外形似厚的荚果，淡棕色，长8～12(～20)cm，宽1.7～2.4cm；果梗长1～1.5cm。种子周围有宽翅，连翅宽达1～1.3mm。花期5～8月，果期9～10月。

【分布及生境】九连山山脉均有零星分布。生于海拔500～1000m疏林下、稀疏灌丛中、沟谷边腐殖质丰富、湿润、多石处。

【用途】有散瘀止血的功效，用于治疗血崩、红痢；园林观赏。

盆距兰属 *Gastrochilus* D. Don

黄松盆距兰
Gastrochilus japonicus (Makino) Schltr.

【生物学特征】附生草本。茎粗短，长2～10cm，粗3～5mm。叶二列互生，长圆形至镰刀状长圆形，或有时倒卵状披针形，长5～14cm，宽5～17mm，先端近急尖而稍钩曲，基部具1个关节和鞘，全缘或稍波状。总状花序缩短呈伞状，具4～7(～10)朵花；花序柄长1.5～2cm；花苞片近肉质，卵状三角形，长2～3mm，先端锐尖；花开展，萼片和花瓣淡黄绿色带紫红色斑点；中萼片和侧萼片相似而等大，倒卵状椭圆形或近椭圆形，长5～6mm，宽2.7～3mm，先端钝；花瓣近似于萼片而较小，先端钝；前唇白色带黄色先端，近三角形，长2～4mm，宽5～8mm，边缘啮蚀状或几乎全缘，上面除中央的黄色垫状物带紫色斑点和被细乳突外，其余无毛；后唇白色，近僧帽状或圆锥形，稍两侧压扁，长约7mm，宽4mm，上端口缘多少向前斜截，与前唇几乎在同一水平面上，末端圆钝、黄色；蕊柱短，淡紫色。

【分布及生境】江西九连山保护区寨下有分布。生于海拔500～800m的山地林中树干上。

【用途】园林观赏。

天麻属 *Gastrodia* R. Br.

天麻
Gastrodia elata Bl.

【生物学特征】腐生草本。植株高30～100cm，有时可达2m。根状茎肥厚，块茎状，椭圆形至近哑铃形，肉质，长8～12cm，直径3～5(～7)cm，有时更大，具较密的节，节上被许多三角状宽卵形的鞘。茎直立，橙黄色、黄色、灰棕色或蓝绿色，无绿叶，下部被数枚膜质鞘。总状花序长5～30(～50)cm，通常具30～50朵花；花苞片长圆状披针形，长1～1.5cm，膜质；花梗和子房长7～12mm，略短于花苞片；花扭转，橙黄、淡黄、蓝绿或黄白色，近直立；萼片和花瓣合生成的花被筒长约1cm，直径5～7mm，近斜卵状圆筒形，顶端具5枚裂片，但前方（即两枚侧萼片合生处）的裂口深达5mm，筒的基部向前方凸出；外轮裂片（萼片离生部分）卵状三角形，先端钝；内轮裂片（花瓣离生部分）近长圆形，较小；唇瓣长圆状卵圆形，长6～7mm，宽3～4mm，3裂，基部贴生于蕊柱足末端与花被筒内壁上并有一对肉质胼胝体，上部离生，上面具乳突，边缘有不规则短流苏；蕊柱长5～7mm，有短的蕊柱足。蒴果倒卵状椭圆形，长1.4～1.8cm，宽8～9mm。花果期5～7月。

【分布及生境】九连山山脉均有零星分布。生于海拔600～1000m疏林下、林中空地、林缘、灌丛边缘。

【用途】块茎具有息风止痉、平抑肝阳、祛风通络的功效；园林观赏。

北插天天麻

Gastrodia peichatieniana S. S. Ying

【生物学特征】腐生兰。植株高25～40cm。根状茎多少块茎状，长1.8～2.6cm，宽5～8mm，肉质。茎直立，无绿叶，淡褐色，有3～4节，节上无宿存的鞘。总状花序具4～5朵花；花梗和子房长7～9mm，白色或多少带淡褐色；花近直立，白色或多少带淡褐色，长6～8mm；萼片和花瓣合生成细长的花被筒，花被筒长5～6mm，顶端具5枚裂片；外轮裂片（萼片离生部分）相似，三角形，长0.8～1mm，边缘多少皱波状；内轮裂片（花瓣离生部分）略小；唇瓣小或不存在；蕊柱长5～6mm，有翅，连翅宽1～1.5mm，前方自中部至下部具腺点。花期10月。

【分布及生境】江西九连山保护区虾公塘有分布。生于海拔500～900m沟谷林下。

【用途】全草药用，具有息风止痉、祛风除痹的功效；园林观赏。

斑叶兰属 *Goodyera* R. Br.

大花斑叶兰
Goodyera biflora (Lindl.) Hook. f.

【生物学特征】地生草本。植株高5～15cm。根状茎伸长，匍匐，具节。茎直立，绿色，具4～5枚叶。叶片卵形或椭圆形，长2～4cm，宽1～2.5cm，上面绿色，具白色均匀细脉连接成的网状脉纹，背面淡绿色，有时带紫红色，具柄；叶柄长1～2.5cm，基部扩大成抱茎的鞘。花茎很短，被短柔毛；总状花序通常具2朵花，罕3～6朵花，常偏向一侧；花苞片披针形，长1.5～2.5cm，宽6～7mm，先端渐尖，背面被短柔毛；子房圆柱状纺锤形，连花梗长5～8mm，被短柔毛；花大，长管状，白色或带粉红色；萼片线状披针形，近等长，背面被短柔毛，长（2～）2.5cm，宽3～4mm，先端稍钝；中萼片与花瓣粘合呈兜状；花瓣白色，无毛，稍斜菱状线形，长（2～）2.5cm，宽3～4mm，先端急尖；唇瓣白色，线状披针形，长1.8～2cm，基部凹陷呈囊状，内面具多数腺毛，前部伸长，舌状，长为囊长的2倍，先端近急尖且向下卷曲；蕊柱短；花药三角状披针形，长1～1.2cm；花粉团倒披针形，长1.2～1.6cm；蕊喙细长，长1～1.2cm，叉状2裂；柱头1个，位于蕊喙下方。花期2～7月。

【分布及生境】广东黄牛石保护区有分布。生于海拔500～900m的林下阴湿处。

【用途】全草药用，具有清热解毒、行气活血、祛风止痛的功效；园林观赏。

多叶斑叶兰
Goodyera foliosa (Lindl.) Benth.

【生物学特征】地生草本。植株高15～25cm。根状茎伸长，匍匐，具节。茎直立，长9～17cm，绿色，具4～6枚叶。叶疏生于茎上或集生于茎的上半部，叶片卵形至长圆形，偏斜，长2.5～7cm，宽1.6～2.5cm，绿色，先端急尖，基部楔形或圆形，具柄；叶柄长1～2cm，基部扩大成抱茎的鞘。花茎直立，长6～8cm，被毛；总状花序具几朵至多朵密生而常偏向一侧的花，花序梗极短或长，无或具几枚鞘状苞片；花苞片披针形，长1～1.5cm，宽2～2.5mm，背面被毛；子房圆柱形，被毛，连花梗长8～10mm；花中等大，半张开，白带粉红色、白带淡绿色或近白色；萼片狭卵形，凹陷，长5～8mm，宽3.5～4mm，先端钝，具1脉，背面被毛；花瓣斜菱形，长5～8mm，中部宽3.5～4mm，先端钝，基部收狭，具爪，具1脉，无毛，与中萼片粘合呈兜状；唇瓣长6～8mm，宽3.5～4.5mm，基部凹陷呈囊状，囊半球形，内面具多数腺毛，前部舌状，先端略反曲，背面有时具红褐色斑块；蕊柱长3mm；花药卵形，长4mm；花粉团长3mm；蕊喙直立，长2.5mm，叉状2裂；柱头1个，位于蕊喙之下。花期7～9月。

【分布及生境】九连山山脉均有分布。生于海拔300～800m的林下或沟谷阴湿处及水边。

【用途】全草药用，具有清热解毒、活血消肿的功效；园林观赏。

光萼斑叶兰
Goodyera henryi Rolfe

【生物学特征】地生草本。植株高10～15cm。根状茎伸长，匍匐，具节。茎直立，绿色，长6～10cm，具4～6枚叶。叶常集生于茎的上半部，叶片偏斜的卵形至长圆形，长2～5cm，宽1.6～2cm，绿色，先端急尖，基部钝或楔形，具柄；叶柄长约1cm。花茎长3～5cm，无毛，花序梗极短，几乎无梗，总状花序具3～9朵密生的花；花苞片披针形，长1.8～2.2cm，宽4～4.5mm，先端渐尖，无毛；子房圆柱状纺锤形，绿色，无毛，连花梗长1～1.3cm；花中等大，白色，或略带浅粉红色，半张开；萼片背面无毛，具1脉；中萼片长圆形，凹陷，长1～1.2cm，宽4～4.5mm，先端稍钝或急尖，与花瓣粘合呈兜状；侧萼片斜卵状长圆形，凹陷，长1.3～1.4cm，宽4.5～5mm，先端急尖；花瓣菱形，长1.1～1.3cm，中部宽3.5～4mm，先端急尖，基部楔形，具1脉，无毛；唇瓣白色，卵状舟形，长约1cm，宽4～5mm，基部凹陷，囊状，内面具多数腺毛，前部舌状，狭长，几乎不弯曲，先端急尖；蕊柱长3mm；花药披针形，长5mm；蕊喙长4mm，叉状2裂。花期8～9（～10)月。

【分布及生境】江西九连山保护区有分布。生于海拔400～900m的林下阴湿处。

【用途】园林观赏。

小斑叶兰
Goodyera repens (L.) R. Br.

【生物学特征】地生草本。植株高10～25cm。根状茎伸长，茎状，匍匐，具节。茎直立，绿色，具5～6枚叶。叶片卵形或卵状椭圆形，长1～2cm，宽5～15mm，上面深绿色具白色斑纹，背面淡绿色，先端急尖，基部钝或宽楔形，具柄；叶柄长5～10mm，基部扩大成抱茎的鞘。花茎直立或近直立，被白色腺状柔毛，具3～5枚鞘状苞片；总状花序具几朵至10余朵、密生、多少偏向一侧的花，长4～15cm；花苞片披针形，长5mm，先端渐尖；子房圆柱状纺锤形，连花梗长4mm，被疏的腺状柔毛；花小，白色或带绿色或带粉红色，半张开；萼片背面被或多或少腺状柔毛，具1脉；中萼片卵形或卵状长圆形，长3～4mm，宽1.2～1.5mm，先端钝，与花瓣粘合呈兜状；侧萼片斜卵形、卵状椭圆形，长3～4mm，宽1.5～2.5mm，先端钝；花瓣斜匙形，无毛，长3～4mm，宽1～1.5mm，先端钝，具1脉；唇瓣卵形，长3～3.5mm，基部凹陷呈囊状，宽2～2.5mm，内面无毛，前部短舌状，略外弯；蕊柱短，长1～1.5mm；蕊喙直立，长1.5mm，叉状2裂；柱头1个，较大，位于蕊喙之下。花期7～8月。

【分布及生境】江西九连山保护区有分布。生于海拔400～1000m的山坡、沟谷林下。

【用途】全草药用，具有补肺益肾、散肿止痛的功效；园林观赏。

高斑叶兰
Goodyera procera (Ker. Gawl.) Hook.

【生物学特征】地生草本。植株高22～80cm。根状茎短而粗，具节。茎直立，无毛，具6～8枚叶。叶片长圆形或狭椭圆形，长7～15cm，宽2～5.5cm，上面绿色，背面淡绿色，先端渐尖，基部渐狭，具柄；叶柄长3～7cm，基部扩大成抱茎的鞘。花茎长12～50cm，具5～7枚鞘状苞片；总状花序具多数密生的小花，似穗状，长10～15cm，花序轴被毛；花苞片卵状披针形，先端渐尖，无毛，长5～7mm；子房圆柱形，被毛，连花梗长3～5mm；花小，白色带淡绿，芳香，不偏向一侧；萼片具1脉，先端急尖，无毛；中萼片卵形或椭圆形，凹陷，长3～3.5mm，宽1.7～2.5mm，与花瓣粘合呈兜状；侧萼片呈偏斜的卵形，长2.5～3.2mm，宽1.5～2.2mm；花瓣匙形，白色，长3～3.5mm，上部宽1～1.2mm，先端稍钝，具1脉，无毛；唇瓣宽卵形，厚，长2.2～2.5mm，宽1.5～1.7mm，基部凹陷，囊状，内面有腺毛，前端反卷，唇盘上具2个胼胝体；蕊柱短而宽，长2mm；花药宽卵状三角形；花粉团长约1.3mm；蕊喙直立，2裂；柱头1个，横椭圆形。花期4～5月。

【分布及生境】广东黄牛石保护区有分布。生于海拔500～900m的阔叶林下。

【用途】全草药用，具有清肺止咳、解毒消肿、止痛的功效；园林观赏。

斑叶兰
Goodyera schlechtendaliana Rchb. f.

【生物学特征】地生草本。植株高15～35cm。根状茎伸长，茎状，匍匐，具节。茎直立，绿色，具4～6枚叶。叶片卵形或卵状披针形，长3～8cm，宽0.8～2.5cm，上面绿色，具白色不规则的点状斑纹，背面淡绿色，先端急尖，基部近圆形或宽楔形，具柄；叶柄长4～10mm，基部扩大成抱茎的鞘。花茎直立，长10～28cm，被长柔毛，具3～5枚鞘状苞片；总状花序具几朵至20余朵疏生近偏向一侧的花，长8～20cm；花苞片披针形，长约12mm，宽4mm，背面被短柔毛；子房圆柱形，连花梗长8～10mm，被长柔毛；花较小，白色或带粉红色，半张开；萼片背面被柔毛，具1脉，中萼片狭椭圆状披针形，长7～10mm，宽3～3.5mm，舟状，先端急尖，与花瓣粘合呈兜状；侧萼片卵状披针形，长7～9mm，宽3.5～4mm，先端急尖；花瓣菱状倒披针形，无毛，长7～10mm，宽2.5～3mm，先端钝或稍尖，具1脉；唇瓣卵形，长6～8.5mm，基部凹陷呈囊状，宽3～4mm，内面具多数腺毛，前部舌状，略向下弯；蕊柱短，长3mm；花药卵形，渐尖；花粉团长约3mm；蕊喙直立，长2～3mm，叉状2裂；柱头1个，位于蕊喙之下。花期8～10月。

【分布及生境】九连山山脉均有分布。生于海拔400～1000m的山坡或沟谷阔叶林下。

【用途】全草药用，具有清肺止咳、解毒消肿、止痛的功效；园林观赏。

绿花斑叶兰
Goodyera viridiflora (Bl.) Bl.

【生物学特征】地生草本。植株高13～20cm。根状茎伸长，茎状，匍匐，具节。茎直立，绿色，具2～3(～5)枚叶。叶片呈偏斜的卵形、卵状披针形或椭圆形，长1.5～6cm，宽1～3cm，绿色，甚薄，先端急尖，基部圆形，骤狭成柄；叶柄和鞘长1～3cm。花茎长7～10cm，带红褐色，被短柔毛；总状花序具2～3(～5)朵花；花苞片卵状披针形，长2cm，宽6～7mm，淡红褐色，先端尖，边缘撕裂；子房圆柱形，浅红褐色，上部被短柔毛，连花梗长1.4～1.5cm；花较大，绿色，张开，无毛；萼片椭圆形，绿色或带白色，先端淡红褐色，长1.25～1.5cm，宽5～6mm，先端急尖，具1脉，无毛；中萼片凹陷，与花瓣粘合呈兜状；侧萼片向后伸展；花瓣为偏斜的菱形，白色，先端带褐色，长1.25～1.5cm，宽4.5～6.5mm，先端急尖，基部渐狭，具1脉，无毛；唇瓣卵形，舟状，较薄，长1.2～1.4cm，宽8～11mm，基部绿褐色，凹陷，囊状，内面具密的腺毛，前部白色，舌状，向下呈“之”字形弯曲，先端向前伸；蕊柱短，长4mm；花药披针形；花粉团长10～12mm，线形；蕊喙直立，长7～8mm，2裂。花期8～9月。

【分布及生境】九连山山脉均有分布。生于海拔400～900m的密林下、沟边阴湿处。

【用途】园林观赏。

小小斑叶兰
Goodyera yangmeishanensis T. P. Lin

【生物学特征】地生草本。植株高约8cm。根状茎伸长，茎状，匍匐，具节。茎直立，带红色或红褐色，具3～5枚疏生的叶。叶片卵形至椭圆形，长1.5～2.6cm，宽0.9～1.6cm，绿色，上面具白色由均匀细脉连接成的网脉纹，偶尔中肋处整个呈白色，先端急尖，基部圆形，具柄；叶柄很短或长约5mm。花茎长约4cm，具12朵密生的花，无毛；花苞片卵状披针形，长7.5mm，宽3.2mm，先端渐尖，尾状，基部边缘具细锯齿；子房圆柱形，红色，无毛，连花梗长5.5～6mm；花小，红褐色，微张开，多偏向一侧；萼片背面无毛，先端钝，具1脉；中萼片椭圆形，凹陷，长3.8mm，宽2.5mm，红褐色，基部白色，与花瓣粘合呈兜状；侧萼片斜卵形，长4.5mm，宽2.8mm，淡红褐色，先端白色；花瓣斜菱状倒披针形，长3mm，宽1mm，白色，先端钝，前部边缘具细锯齿，具1脉，无毛；唇瓣肉质，伸展时长4mm，宽4mm，凹陷呈深囊状，内面具腺毛，前部边缘具不规则的细锯齿或全缘；蕊柱短。花期8～9月。

【分布及生境】九连山山脉均有分布。生于海拔400～1000m的林下阴湿处。

【用途】园林观赏。

玉凤花属 *Habenaria* Willd.

毛葶玉凤花
Habenaria ciliolaris Kraenzl.

【生物学特征】地生草本。植株高25～60cm。块茎肉质，长椭圆形或长圆形，长3～5cm，直径1.5～2.5cm。茎粗，直立，圆柱形，近中部具5～6枚叶，向上有5～10枚疏生的苞片状小叶。叶片椭圆状披针形、倒卵状匙形或长椭圆形，长5～16cm，宽2～5cm，先端渐尖或急尖，基部收狭抱茎。总状花序具6～15朵花，长9～23cm，花莛具棱，棱上具长柔毛；花苞片卵形，长13～15mm，先端渐尖，边缘具缘毛，较子房短；子房圆柱状纺锤形，扭转，具棱，棱上有细齿，连花梗长23～25mm，先端弯曲，具喙；花白色或绿白色，罕带粉色，中等大；中萼片宽卵形，凹陷，兜状，长6～9mm，宽5.5～8mm，先端急尖或稍钝，近顶部边缘具睫毛，具5脉，背面具3条片状有细齿或近全缘的龙骨状凸起，与花瓣靠合呈兜状；侧萼片反折，强烈偏斜，卵形，长6.5～10mm，宽4～7mm，具3～4条弯曲的脉，前部边缘臌出，宽圆形，先端急尖；花瓣直立，斜披针形，不裂，长6～7mm，基部宽2～3mm，先端渐尖或长渐尖，具1脉，外侧增厚；唇瓣较萼片长，基部3深裂，裂片极狭窄，丝状，并行，向上弯曲；中裂片长16～18mm，下垂，基部无胼胝体；侧裂片长20～22mm；距圆筒状棒形，长21～27mm，向末端逐渐或突然膨大，下垂，中部明显向前弯曲或前部稍弯曲，稍长于或短于子房，末端钝；药室基部伸长的沟与蕊喙臂伸长的沟靠合成细的管，管前伸，长约2mm，稍向上弯；柱头2个，隆起，长圆形，长约1.5mm。花期7～9月。

【分布及生境】江西九连山保护区新开迳沟谷林下有分布。生于海拔300～1000m的山坡或沟边林下阴处。

【用途】块茎药用，具有补肾壮阳、解毒消肿的功效；园林观赏。

鹅毛玉凤花
Habenaria dentata (Sw.) Schltr.

【生物学特征】地生草本。植株高35～87cm。块茎肉质，长圆状卵形至长圆形，长2～5cm，直径1～3cm。茎粗壮，直立，圆柱形，具3～5枚疏生的叶，叶之上具数枚苞片状小叶。叶片长圆形至长椭圆形，长5～15cm，宽1.5～4cm，先端急尖或渐尖，基部抱茎，干时边缘常具狭的白色镶边。总状花序常具多朵花，长5～12cm，花序轴无毛；花苞片披针形，长2～3cm，先端渐尖，下部的与子房等长；子房圆柱形，扭转，无毛，连花梗长2～3cm，先端渐狭，具喙；花白色，较大，萼片和花瓣边缘具缘毛；中萼片宽卵形，直立，凹陷，长10～13mm，宽7～8mm，先端急尖，具5脉，与花瓣靠合呈兜状；侧萼片张开或反折，斜卵形，长14～16mm，先端急尖，具5脉；花瓣直立，镰状披针形，不裂，长8～9mm，宽2～2.5mm，先端稍钝，具2脉；唇瓣宽倒卵形，长15～18mm，宽12～16mm，3裂；侧裂片近菱形或近半圆形，宽7～8mm，前部边缘具锯齿；中裂片线状披针形或舌状披针形，长5～7mm，宽1.5～3mm，先端钝，具3脉；距细圆筒状棒形，下垂，长达4cm，中部稍向前弯曲，向末端逐渐膨大，末端钝，较子房长，中部以下绿色，距口周围具明显隆起的凸出物；柱头2个，隆起呈长圆形，向前伸展，并行。花期8～10月。

【分布及生境】九连山山脉均有分布。生于海拔300～1000m的山坡林下、田边、路旁草丛或沟边。

【用途】块根药用，具有利尿、消炎、解毒的功效；园林观赏。

线瓣玉凤花
Habenaria fordii Rolfe

【生物学特征】地生草本。植株高30～60cm。块茎肉质、长椭圆形，长3～4cm，直径2～3cm。茎粗壮，直立，基部具4～5枚稍集生、近直立伸展的叶。叶片长圆状披针形或长椭圆形，长14～25cm，宽3～6cm，先端急尖，基部收狭抱茎，叶之上具2至多枚披针形苞片状小叶。总状花序具多朵花，长8～16cm；花苞片卵状披针形，长2～4cm，先端急尖或渐尖；子房圆柱状纺锤形，扭转，无毛，连花梗长1.5～2cm；花白色，较大；中萼片宽卵形，凹陷，长1.3～1.5cm，与花瓣靠合呈兜状；侧萼片斜半卵形，较中萼片稍长，宽6～7mm，张开或反折；花瓣直立，线状披针形，长1.3～1.5cm，先端急尖；唇瓣长2.3～2.5cm，狭，下部3深裂；中裂片线形，侧裂片丝状，较中裂片狭而稍长；距伸长，细圆筒状棒形，下垂，稍向前弯，向末端稍增粗，长3～6cm；蕊柱短；花药的药室叉开，下部延伸成长管；柱头2个，隆起，向前伸。花期7～8月。

【分布及生境】广东黄牛石保护区有分布。生于海拔500～1000m的山坡或沟谷密林下阴处地上或岩石上覆土中。

【用途】园林观赏。

裂瓣玉凤花
Habenaria petelotii Gagnep.

【生物学特征】地生草本。植株高350cm。块茎长圆形，肉质，长3～4cm，直径1～2cm。茎粗壮，圆柱形，直立，中部集生5～6枚叶，向下具多枚筒状鞘，向上具多枚苞片状小叶。叶片椭圆形或椭圆状披针形，长3～15cm，宽2～4cm，先端渐尖，基部收狭成抱茎的鞘。花茎无毛；总状花序具3～12朵疏生的花，长4～12cm；花苞片狭披针形，长达15mm，宽3～4mm，先端渐尖；子房圆柱状纺锤形，扭转，稍弧曲，无毛，连花梗长1.5～3cm；花淡绿色或白色，中等大；中萼片卵形，凹陷呈兜状，长10～12mm，宽约6mm，先端渐尖，具3脉；侧萼片极张开，长圆状卵形，长11～13mm，宽约6mm，先端渐尖，具3脉；花瓣从基部2深裂，裂片线形，近等宽，宽1.5～2mm，叉开，边缘具缘毛；上裂片直立，与中萼片并行，长14～16mm；下裂片与唇瓣的侧裂片并行，长达20mm；唇瓣基部之上3深裂，裂片线形，近等长，长15～20mm，宽1.5～2mm，边缘具缘毛；距圆筒状棒形，下垂，长1.3～2.5cm，稍向前弯曲，中部以下向末端增粗，末端钝；药室基部伸长的沟与蕊喙臂伸长的沟靠合成细的管，管劲直，长约3mm；柱头凸起2个，长圆形，长2mm。花期7～9月。

【分布及生境】九连山山脉有分布。生于海拔400～900m的山坡或沟谷林下。

【用途】块茎药用，具有补肾、利尿的功效；园林观赏。

橙黄玉凤花
Habenaria rhodocheila Hance.

【生物学特征】地生草本。植株高8～35cm。块茎长圆形，肉质，长2～3cm，直径1～2cm。茎粗壮，直立，圆柱形，下部具4～6枚叶，向上具1～3枚苞片状小叶。叶片线状披针形至近长圆形，长10～15cm，宽1.5～2cm，先端渐尖，基部抱茎。总状花序具2～10（余）朵疏生的花，长3～8cm，花茎无毛；花苞片卵状披针形，长1.5～1.7cm，先端渐尖，短于子房；子房圆柱形，扭转，无毛，连花梗长2～3cm；花中等大，萼片和花瓣绿色，唇瓣橙黄色、橙红色或红色；中萼片直立，近圆形，凹陷，长约9mm，宽约8mm，先端钝，具3脉，与花瓣靠合呈兜状；侧萼片长圆形，长9～10mm，宽约5mm，反折，先端钝，具5脉；花瓣直立，匙状线形，长约8mm，宽约2mm，先端钝，具1脉；唇瓣向前伸展，轮廓卵形，长1.8～2cm，最宽处约1.5cm，4裂，基部具短爪；侧裂片长圆形，长约7mm，宽约5mm，先端钝，开展；中裂片2裂，裂片近半卵形，长约4mm，宽约3mm，先端为斜截形；距细圆筒状，污黄色，下垂，长2～3cm，直径约1mm，末端通常向上弯；蕊喙大，三角形，具延长的臂；柱头2个，隆起，棒状，稍弯曲，长约2.5mm。蒴果纺锤形，长约1.5cm，先端具喙，果梗长约5mm。花期7～8月，果期10～11月。

【分布及生境】九连山山脉均有分布。生于海拔500～1100m的林下岩石上及沟谷阴湿处。

【用途】块根药用，具有止咳化痰、固肾止遗、止血敛伤的功效；园林观赏。

十字兰
Habenaria schindleri Schltr.

【生物学特征】地生草本。植株高25～70cm。块茎肉质，长圆形或卵圆形。茎直立，圆柱形，具多枚疏生的叶，向上渐小成苞片状。中下部的叶4～7枚，其叶片线形，长5～23cm，宽3～9mm，先端渐尖，基部成抱茎的鞘。总状花序具10～20（余）朵花，长10～18cm，花序轴无毛；花苞片线状披针形至卵状披针形，下部的长15～20mm，基部宽3～5mm，先端长渐尖，长于子房，无毛；子房圆柱形，扭转，稍弧曲，无毛，连花梗长1.4～1.5cm；花白色，无毛；中萼片卵圆形，直立，凹陷呈舟状，长4.5～5mm，宽4～4.5mm，先端钝，具5脉，与花瓣靠合呈兜状；侧萼片强烈反折，斜长圆状卵形，长6～7mm，宽4～5mm，先端近急尖，具4（～5)脉；花瓣直立，轮廓半正三角形，2裂；上裂片长4mm，宽2mm，先端稍钝，具2脉；下裂片小齿状，三角形，先端2浅裂；唇瓣向前伸，长（11～）13～15mm，基部线形，近基部的1/3处3深裂呈“十”字形，裂片线形，近等长；中裂片劲直，长7～9mm，宽0.8mm，全缘，先端渐尖；侧裂片与中裂片垂直伸展，近直，长7～9mm，宽1～1.5mm，向先端增宽且具流苏；距下垂，长1.4～1.5cm，近末端突然膨大，粗棒状，向前弯曲，末端钝，与子房等长；柱头2个，隆起，长圆形，向前伸，并行。花期7～9 (～10)月。

【分布及生境】江西九连山保护区有分布。生于海拔500～900m的山坡林下或沟谷草丛中。

【用途】园林观赏。

翻唇兰属 *Hetaeria* Bl.

白肋翻唇兰
Hetaeria cristata Bl.

【生物学特征】地生草本。植株高10～25cm。根状茎伸长，茎状，匍匐，具节。茎暗红褐色，具数枚叶。叶片呈偏斜的卵形或卵状披针形，长3～9cm，宽1.5～4cm，沿中肋具1条白色条纹或白色条纹不显著，背面淡绿色，具柄；叶柄长1～2.5cm。花茎直立，长5～15cm，被毛，具1～3枚鞘状苞片；单歧聚伞花序，具3～15朵疏生的花；花苞片卵状披针形，褐红色，长5～8mm，宽2.5～3mm，被毛，边缘撕裂状；子房圆柱形，不扭转，被毛，连花梗长7.5～10mm；花小，红褐色，半张开；萼片背面被毛，红褐色，具1脉；中萼片宽卵形，长2.8～3mm，宽2mm，先端急尖，与花瓣粘合呈兜状；侧萼片呈偏斜的卵形，长3.2～4mm，宽2～2.3mm，先端急尖；花瓣偏斜，卵形，白色，极不等侧，长2.8～3mm，宽2mm，无毛，先端急尖，具1脉；唇瓣位于上方，兜状卵形，呈舟状，长3.5mm，基部浅囊状，内面具2个角状的胼胝体，唇盘上具一群纵向不规则散布的细肉突或具2条纵向脊状隆起，近中部3裂；侧裂片直立，半圆形；中裂片卵形，凹陷，先端钝。花期9～10月。

【分布及生境】九连山山脉均有分布。生于海拔400～900m山坡密林下。

【用途】园林观赏。

盂兰属 *Lecanorchis* Bl.

全唇盂兰
Lecanorchis nigricans Honda.

【生物学特征】腐生草本。植株高25～40cm，具坚硬的根状茎。茎直立，常分枝，无绿叶，具数枚鞘。总状花序顶生，具数朵花；花苞片卵状三角形，长2～4mm；花梗和子房长约1cm，紫褐色；花淡紫色；花被下方的浅杯状物（副萼）很小；萼片狭倒披针形，长1～1.6cm，宽1.5～2.5mm，先端急尖；侧萼片略斜歪；花瓣倒披针状线形，与萼片大小相近；唇瓣亦为狭倒披针形，不与蕊柱合生，不分裂，与萼片近等长，上面多少具毛；蕊柱细长，白色，长6～10mm。花期不定，主要见于夏、秋季。

【分布及生境】江西九连山保护区虾公塘有分布。生于海拔600～1100m密林下。

【用途】园林观赏。

羊耳蒜属 *Liparis* L. C. Rich.

镰翅羊耳蒜
Liparis bootanensis Griff.

【生物学特征】附生草本。假鳞茎密集，卵形、卵状长圆形或狭卵状圆柱形，长0.8～1.8(～3)cm，直径48mm，顶端生1枚叶。叶狭长圆状倒披针形、倒披针形至近狭椭圆状长圆形，纸质或坚纸质，长(5～)8～22cm，宽(5～)11～33mm，先端渐尖，基部收狭成柄，有关节；叶柄长1～7(10)cm。花莛长7～24cm；花序柄略压扁，两侧具很狭的翅，下部无不育苞片；总状花序外弯或下垂，长5～12cm，具数朵至20余朵花；花苞片狭披针形，长3～8(～13)mm；花梗和子房长4～15mm；花通常黄绿色，有时稍带褐色，较少近白色；中萼片近长圆形，长3.5～6mm，宽1.3～1.8mm，先端钝；侧萼片与中萼片近等长，但略宽；花瓣狭线形，长3.5～6mm，宽0.4～0.7mm；唇瓣近宽长圆状倒卵形，长3～6mm，上部宽2.5～5.5mm，先端近截形并有凹缺或短尖，通常整个前缘有不规则细齿，基部有2个胼胝体，有时2个胼胝体基部合生为一；蕊柱长约3mm，稍向前弯曲，上部两侧各有1翅；翅宽约1mm（一侧），通常在前部下弯成钩状或镰状，较少钩或镰不甚明显。蒴果倒卵状椭圆形，长8～10mm，宽5～6mm；果梗长8～10mm。花期8～10月，果期3～5月。

【分布及生境】九连山山脉均有分布。生于海拔400～1000m林缘、林中或山谷阴处的树上、沟谷密林下或岩石上。

【用途】园林观赏。

紫花羊耳蒜
Liparis gigantea C. L. Tso

【生物学特征】地生草本，较高大。茎（或假鳞茎）圆柱状，肥厚，肉质，有数节，长8～20cm，直径可达1cm，绿色，下部被数枚薄膜质鞘。叶3～6枚，椭圆形、卵状椭圆形或卵状长圆形，膜质或草质，常稍斜歪，长9～17cm，宽3.5～9cm，先端渐尖、短尾状或近急尖，基部斜歪并收狭成鞘状柄，无关节；鞘状柄长2～5cm，初时几乎全部抱茎，老鞘仅基部抱茎。花莛生于茎顶端，长18～45cm；总状花序长6～16cm，具数朵至20余朵花；花序轴具很狭的翅；花苞片很小，卵形，长1～2mm；花梗和子房长1.6～1.8cm；花深紫红色，较大；中萼片线状披针形，长1.6～2cm，宽2.5～3mm，先端钝，具3脉；侧萼片卵状披针形，长1.5～1.7cm，宽4～5mm，先端钝，具5脉；花瓣线形或狭线形，长1.6～1.8cm，宽约0.8mm，具1脉；唇瓣倒卵状椭圆形或宽倒卵状长圆形，长1～1.5cm，宽1.2～1.8cm，先端截形或有时有短尖，边缘有明显的细齿，基部骤然收狭并有一对向后方延伸的耳，近基部有2个胼胝体；胼胝体三角形，高0.8～1mm；蕊柱长6～8mm，两侧有狭翅；药帽长约2mm。蒴果倒卵状长圆形，长约2.8cm，宽约1cm；果梗长6～9mm。花期2～5月，果期11月。

【分布及生境】九连山山脉均有分布。生于海拔400～1000m沟谷林缘、灌丛中或山路边草地及岩石上。

【用途】全草药用，具有凉血止血、清热解毒的功效；园林观赏。

长苞羊耳蒜
Liparis inaperta Finet

【生物学特征】附生草本，较小。假鳞茎稍密集，卵形，长4～7mm，直径3～5mm，顶端具1枚叶。叶倒披针状长圆形至近长圆形，纸质，长2～7cm，宽6～13mm，先端渐尖，基部收狭成柄，有关节；叶柄长7～15mm。花葶长4～8cm；花序柄稍压扁，两侧具很狭的翅，下部无不育苞片；总状花序具数朵花；花苞片狭披针形，长3～5mm，在花序基部的长可达7mm；花梗和子房长4～7mm；花淡绿色，早期常呈管状，因中萼片两侧与侧萼片靠合所致，但后期分离；中萼片近长圆形，长约4.5mm，宽1.2mm，先端钝；侧萼片近卵状长圆形，斜歪，较中萼片略短而宽；花瓣狭线形，多少呈镰刀状，长3.5～4mm，宽约0.6mm，先端钝圆；唇瓣近长圆形，向基部略收狭，长3.5～4mm，上部宽1.5～2mm，先端近截形并具不规则细齿，近中央有细尖，无胼胝体或褶片；蕊柱长2.5～3mm，稍向前弯曲，上部有翅；翅近三角形，宽达0.8mm，多少向下延伸而略呈钩状；药帽前端有短尖。蒴果倒卵形，长5～6mm，宽4～5mm；果梗长4～5mm。花期9～10月，果期次年5～6月。

【分布及生境】江西九连山保护区全山有分布。生于海拔500～1000m沟谷树干基部或山谷水旁的岩石上。

【用途】园林观赏。

见血青
Liparis nervosa (Thunb.) Lindl.

【生物学特征】地生草本。茎（或假鳞茎）圆柱状，肥厚，肉质，有数节，长2～8（～10)cm，直径5～7（～10)mm，通常包藏于叶鞘之内，上部有时裸露。叶（2～)3～5枚，卵形至卵状椭圆形，膜质或草质，长5～11（～16)cm，宽3～5（～8)cm，先端近渐尖，全缘，基部收狭并下延成鞘状柄，无关节；鞘状柄长2～3（～5)cm，大部分抱茎。花葶出自茎顶端，长10～20(～25)cm；总状花序通常具数朵至10余朵花，罕有花更多；花序轴有时具很狭的翅；花苞片很小，三角形，长约1mm，极少能达2mm；花梗和子房长8～16mm；花紫色；中萼片线形或宽线形，长8～10mm，宽1.5～2mm，先端钝，边缘外卷，具不明显的3脉；侧萼片狭卵状长圆形，稍斜歪，长6～7mm，宽3～3.5mm，先端钝，亦具3脉；花瓣丝状，长7～8mm，宽约0.5mm，亦具3脉；唇瓣长圆状倒卵形，长约6mm，宽4.5～5mm，先端截形并微凹，基部收狭并具2个近长圆形的胼胝体；蕊柱较粗壮，长4～5mm，上部两侧有狭翅。蒴果倒卵状长圆形或狭椭圆形，长约1.5cm，宽约6mm；果梗长4～7mm。花期2～7月，果期10月。

【分布及生境】九连山山脉均有分布。生于海拔400～1000m沟谷中树干上、灌丛中或草地荫蔽处及岩石上。

【用途】全草药用，具有凉血止血、清热解毒的功效；园林观赏。

香花羊耳蒜
Liparis odorata (Willd.) Lindl.

【生物学特征】地生草本。假鳞茎近卵形，长1.3～2.2cm，直径1～1.5cm，有节，外被白色的薄膜质鞘。叶2～3枚，狭椭圆形、卵状长圆形、长圆状披针形或线状披针形，膜质或草质，长6～17cm，宽2.5～6cm，先端渐尖，全缘，基部收狭为鞘状柄，无关节；鞘状柄长2.5～10cm。花莛长14～40cm，明显高出叶面；总状花序疏生数朵至10余朵花；花苞片披针形，常平展，长4～6mm；花梗和子房长6～8mm；花绿黄色或淡绿褐色；中萼片线形，长7～8mm，宽约1.5mm，先端钝，具不明显的3脉，边缘外卷；侧萼片卵状长圆形，稍斜歪，长6～7mm，宽约2.5mm，具3（～4)脉；花瓣近狭线形，向先端渐宽，长6～7mm，宽约0.8mm，边缘外卷，具1脉；唇瓣倒卵状长圆形，长约5.5mm，上部宽3.5～4.5mm，先端近截形并微凹，上部边缘有细齿，近基部有2个三角形的胼胝体；两胼胝体基部多少相连，高约0.8mm；蕊柱长约4.5mm，稍向前弯曲，两侧有狭翅，向上翅渐宽。蒴果倒卵状长圆形或椭圆形，长1～1.5cm。花期4～7月，果期10月。

【分布及生境】九连山山脉均有分布。生于海拔400～900m林下、疏林下或山坡草丛中。

【用途】全草药用，具有清热解毒、凉血止血、化痰止咳的功效；园林观赏。

长唇羊耳蒜
Liparis pauliana Hand. -Mazz.

【生物学特征】地生草本。假鳞茎卵形或卵状长圆形，长1～2.5cm，直径8～15mm，外被多枚白色的薄膜鞘。叶通常2枚，极少为1枚（仅见于假鳞茎很小的情况下），卵形至椭圆形，膜质或草质，长2.7～9cm，宽1.5～5cm，先端急尖或短渐尖，边缘皱波状并具不规则细齿，基部收狭成鞘状柄，无关节；鞘状柄长0.5～4cm，多少围抱花莛基部。花莛长7～28cm，通常比叶长1倍以上；花序柄扁圆柱形，两侧有狭翅；总状花序通常疏生数朵花，较少多花或减退为1～2朵花；花苞片卵形或卵状披针形，长1.5～3mm；花梗和子房长1～1.8cm；花淡紫色，但萼片常为淡黄绿色；萼片线状披针形，长1.6～1.8cm，宽2～2.5mm，先端渐尖，具3脉；侧萼片稍斜歪；花瓣近丝状，长1.6～1.8cm，宽约0.3mm，具1脉；唇瓣倒卵状椭圆形，长1.5～2cm，宽1～1.2cm，先端钝或有时具短尖，近基部常有2条短的纵褶片，有时纵褶片似皱褶而不甚明显；蕊柱长3.5～4.5mm，向前弯曲，顶端具翅，基部扩大、肥厚。蒴果倒卵形，长约1.7cm，宽7～8mm，上部有6条翅，翅宽可达1.5mm，向下翅渐狭并逐渐消失；果梗长1～1.2cm。花期5月，果期10～11月。

【分布及生境】九连山山脉均有分布。生于海拔400～1000m林下阴湿处或岩石缝中。

【用途】园林观赏。

葱叶兰属 *Microtis* R. Br.

葱叶兰
Microtis unifolia (Forst.) Rchb. f.

【生物学特征】地生草本。块茎较小，近椭圆形，长4～7mm，宽3～6mm。茎长15～30cm，基部有膜质鞘。叶1枚，生于茎下部，直立或近直立，叶片圆筒状，近轴面具1纵槽，长16～33cm，宽2～3mm，下部约1/5抱茎。总状花序长2.5～5cm，通常具10余朵花；花苞片狭卵状披针形，长1～2mm；花梗很短，连同子房长2～3.5mm；花绿色或淡绿色；中萼片宽椭圆形，长约2mm，宽约1.5mm，先端钝，多少兜状，直立；侧萼片近长圆形或狭椭圆形，长约1.5mm，宽约0.8mm；花瓣狭长圆形，长约1.2mm，宽约0.5mm，先端钝；唇瓣近狭椭圆形舌状，长1.5～2mm，宽约1.2mm，稍肉质，无距，近基部两侧各有1个胼胝体；蕊柱极短，顶端有2个耳状物。蒴果椭圆形，长约4mm，宽2～2.5mm。花果期5～6月或8～9月（台湾）。

【分布及生境】江西九连山保护区有分布。生于海拔500～1000m的草坡上或阳光充足的草地上。

【用途】园林观赏。

芋兰属 *Nervilia* Comm. ex Gaudich.

广布芋兰
Nervilia aragoana Gaud.

【生物学特征】地生草本。块茎圆球形，直径10～13mm。叶1枚，在花凋谢后长出，上面绿色，下面淡绿色，质地稍厚，干后带绿黄色，心状卵形，长2.5～3.5cm，宽2.5～4.5cm，先端急尖，基部心形，边缘波状，具约20条在两面隆起的粗脉，上面脉上无毛，但在脉间稍被长柔毛；叶柄长2.5～4cm。花莛高15～26cm，下部具3～5枚筒状鞘；总状花序具（3～）4～10朵花；花苞片线状披针形，先端稍尖，多少反折，明显较子房和花梗长；子房椭圆形，长4～5mm，具棱，具长4～5mm的纤细花梗；花多少下垂，半张开；萼片和花瓣黄绿色，近等大，线状长圆形，长14～18mm，宽2.5～2.9mm，先端渐尖或急尖；唇瓣白绿色、白色或粉红色，形状有一定的变异，长12～17mm，具紫色脉，内面通常仅在脉上具长柔毛，基部楔形，中部之上明显3裂；侧裂片常为三角形，先端常急尖或截形，直立，围抱蕊柱；中裂片卵形、卵状三角形或近倒卵状四方形，先端钝或急尖，顶部边缘多少波状；蕊柱长6～10mm。花期5～6月。

【分布及生境】广东黄牛石保护区有分布。生于海拔400～800m的林下或沟谷阴湿处。

【用途】块茎药用，具有清热解毒、补肾、利尿、消肿、止带、杀虫等功效；园林观赏。

毛叶芋兰
Nervilia plicata (Andr.) Schltr.

【生物学特征】 地生草本。块茎圆球形，直径5～10mm。叶1枚，在花凋谢后长出，上面暗绿色，有时带紫绿色，背面绿色或暗红色，质地较厚，干后绿色，长7.5～11cm，宽10～13cm，先端急尖，基部心形，边缘全缘，具20～30条在叶两面隆起的粗脉，两面的脉上、脉间和边缘均有粗毛；叶柄长1.5～3cm。花莛高12～20cm，下部具2～3枚常多少带紫红色的筒状鞘；总状花序具2(～3)朵花；花苞片披针形，短小，先端渐尖，较子房和花梗短；子房椭圆形，具棱，无毛，长5～7mm，具长约5mm、向下弯曲的细花梗；花多少下垂，半张开；萼片和花瓣棕黄色或淡红色，具紫红色脉，近等大，线状长圆形，长20～25mm，宽2.5～3mm，先端渐尖；唇瓣带白色或淡红色，具紫红色脉，凹陷，摊平后为近菱状长椭圆形，长18～20mm，宽10～12mm，内面无毛，近中部不明显3浅裂；侧裂片小，先端钝圆或钝，直立，围抱蕊柱；中裂片明显较侧裂片大，近四方形或卵形，先端有时略凹缺；蕊柱长约10mm。花期5～6月。

【分布及生境】 广东黄牛石保护区有分布。生于海拔400～1000m的林下或沟谷阴湿处。

【用途】 块茎药用，具利肺止咳、益肾、解毒止痛等功效，治白浊；园林观赏。

鸢尾兰属 *Oberonia* Lindl.

狭叶鸢尾兰
Oberonia caulescens Lindl.

【生物学特征】附生草本。茎明显，长1～4.5cm。叶5～6枚，二列互生于茎上，两侧压扁，肥厚，线形，常多少镰曲，长1.5～5cm，宽2～3(～4)mm，先端渐尖或急尖，边缘在干后常呈皱波状，下部内侧具干膜质边缘，脉略可见，基部有关节。花莛生于茎顶端，长(3～)5～11cm，近圆柱形，无翅，在花序下方有数枚不育苞片；不育苞片披针形，长2～2.5mm；总状花序长(2.5～)4～10cm，直径5～6mm，具数十朵或更多的花；花序轴较纤细；花苞片披针形，长1.5～2(～3)mm，先端渐尖或钝，边缘有不规则的缺刻或近全缘；花梗和子房长约2mm；花淡黄色或淡绿色，较小；中萼片卵状椭圆形，长0.8～1mm，宽约0.6mm，先端钝；侧萼片近卵形，稍凹陷，大小与中萼片相近；花瓣近长圆形，长0.8～1mm，宽约0.3mm，先端近浑圆或多少截形；唇瓣轮廓为倒卵状长圆形或倒卵形，长1.6～2mm，中部宽约1.3mm，基部两侧各有1个钝耳或有时耳不甚明显，先端2深裂；先端小裂片狭卵形、卵形至近披针形，叉开或伸直，长0.7～0.9mm，先端短渐尖或急尖；蕊柱粗短，直立。蒴果倒卵状椭圆形，长2～2.3mm，宽约1.3mm；果梗长约1mm。花果期7～10月。

【分布及生境】江西九连山保护区有分布。生于海拔400～800m的林中树上或岩石上。

【用途】园林观赏。

阔蕊兰属 *Peristylus* Bl.

狭穗阔蕊兰
Peristylus densus (Lindl.) Santap. et Kapad.

【生物学特征】地生草本。植株高11～38（～65）cm，干后变为黑色。块茎卵状长圆形或椭圆形，长1.5～2cm，直径约1cm。茎直立，有时细长，无毛，基部具2～3枚筒状鞘，近基部具4～6枚叶，在叶之上常具几枚披针形至卵状披针形的苞片状小叶。叶片长圆形或长圆状披针形，长2.5～9cm，宽0.6～2cm，先端急尖或渐尖，基部收狭成抱茎的鞘。总状花序具多数密生的花，圆柱状，长3～24cm；花苞片卵状披针形，长6～12mm，先端急尖或长渐尖，下部的与子房近等长或较子房长；子房圆柱状纺锤形，扭转，无毛，连花梗长6～8mm；花小，直立，带绿黄色或白色；萼片等长，稍厚，先端钝；中萼片狭长圆形或狭长圆状卵形，直立，凹陷，长3～4mm，具1脉；侧裂片线状长圆形，较中萼片稍窄，稍扩展，具1脉；花瓣直立，狭卵状长圆形，较中萼片稍短而厚，先端钝，具1脉，与中萼片相靠；唇瓣约与萼片等大，肉质，厚，3裂，在侧裂片基部后方具1条隆起的横脊并将唇瓣分成上唇和下唇两个部分，上唇从隆起的脊处向后反曲；中裂片直，三角状线形，先端钝，长2～2.5mm；侧裂片线形或线状披针形，叉开与中裂片成近90°的夹角，较中裂片长而狭，长3.5～5（～6）mm，基部具距；距细，圆筒状棒形，长约4mm，直或微弯，或中部以下向末端略增粗，而在靠近末端处又稍变狭，末端稍钝，不裂；蕊柱粗短，直；花药多少向前弧曲，药室并行，基部不延长成沟；花粉团倒卵形，具短的花粉团柄和黏盘；黏盘小，椭圆形；蕊喙较大，钝，具短的臂；柱头2个，棒状，从蕊喙下向前伸出；退化雄蕊2枚，长圆形，顶部稍膨大，向前伸展。花期（5～）7～9月。

【分布及生境】江西九连山保护区有分布。生于海拔400～900m的山坡林下或草丛中。

【用途】园林观赏。

鹤顶兰属 *Phaius* Lour.

黄花鹤顶兰
Phaius flavus (Bl.) Lindl.

【生物学特征】地生草本。假鳞茎卵状圆锥形，通常长5～6cm，粗2.5～4cm，具2～3节，被鞘。叶4～6枚，紧密互生于假鳞茎上部，通常具黄色斑块，长椭圆形或椭圆状披针形，长25cm以上，宽5～10cm，先端渐尖或急尖，基部收狭为长柄，具5～7条在背面隆起的脉，两面无毛，叶柄以下互相包卷而形成假茎的鞘。花莛从假鳞茎基部或基部上方的节上发出，1～2个，直立，粗壮，圆柱形或多少扁圆柱形，不高出叶层之外，长达75cm，不分枝或偶尔基部具分枝，无毛，疏生数枚长约3cm的膜质鞘；总状花序长达20cm，具数朵至20朵花；花苞片宿存，大而宽，披针形，长达3cm，先端钝，膜质，无毛；花梗和子房长约3cm；花柠檬黄色，上举，不甚张开，干后变靛蓝色；中萼片长圆状倒卵形，长3～4cm，宽8～12mm，先端钝，基部收狭，具7条脉，无毛；侧萼片斜长圆形，与中萼片等长，但稍狭，先端钝，具7条脉，无毛；花瓣长圆状倒披针形，约等长于萼片，比萼片狭或有时稍宽，先端钝，具7条脉，无毛；唇瓣贴生于蕊柱基部，与蕊柱分离，倒卵形，长2.5cm，宽约2.2cm，前端3裂，两面无毛；侧裂片近倒卵形，围抱蕊柱，先端圆形；中裂片近圆形，稍反卷，宽约1.2cm，先端微凹，前端边缘褐色并具波状皱褶；唇盘具3～4条多少隆起的脊突；脊突褐色；距白色，长7～8mm，粗约2mm，末端钝；蕊柱白色，纤细，长约2cm，上端扩大，正面两侧密被白色长柔毛；蕊喙肉质，半圆形，宽2～2.5mm；药帽白色，在前端不伸长，先端锐尖；药床宽大；花粉团卵形，近等大，长2mm。花期4～10月。

【分布及生境】江西九连山保护区虾公塘、黄牛石、大丘田、花露等处有零星分布。生于海拔300～900m的山坡林下阴湿处及沟谷密林下岩石上。

【用途】园林观赏。

鹤顶兰
Phaius tancarvilleae (L' Heritier) Blume

【生物学特征】地生草本。植物体高大。假鳞茎圆锥形，长约6cm或更长，基部粗6cm，被鞘。叶2～6枚，互生于假鳞茎的上部，长圆状披针形，长达70cm，宽达10cm，先端渐尖，基部收狭为长达20cm的柄，两面无毛。花莛从假鳞茎基部或叶腋发出，直立，圆柱形，长达1m，粗约1cm，疏生数枚大型的鳞片状鞘，无毛；总状花序具多数花；花苞片大，膜质，通常早落，舟形，比花梗和子房长，先端急尖，无毛；花梗和子房长3～4cm；子房稍扩大，无毛；花大，美丽，背面白色，内面暗赭色或棕色，直径7～10cm；萼片近相似，长圆状披针形，长4～6cm，宽约1cm，先端短渐尖，具7条脉，无毛；花瓣长圆形，与萼片等长而稍狭，先端稍钝或锐尖，具7条脉，但近边缘的脉分枝，无毛；唇瓣贴生于蕊柱基部，背面白色带茄紫色的前端，内面茄紫色带白色条纹，摊平后整个轮廓为宽菱形或倒卵形，比萼片短，宽3～5cm，中部以上浅3裂；侧裂片短而圆，围抱蕊柱而使唇瓣呈喇叭状；中裂片近圆形或横长圆形，先端截形而微凹或圆形而具短尖头，边缘稍波状；唇盘密被短毛，通常具2条褶片；距细圆柱形，长约1cm，呈钩状弯曲，末端稍2裂或不裂；蕊柱白色，细长，长约2cm，上端扩大，正面两侧多少具短柔毛；蕊喙大，近舌形，宽约2.5mm；药帽前端收狭而呈喙状，外表面具细乳突状毛；花粉团卵形，近等大。花期3～6月。

【分布及生境】九连山山脉均有分布。生于海拔300～900m的林缘、沟谷或溪边阴湿处及沟谷密林下岩石上。

【用途】假鳞茎入药，具祛痰止咳、活血止血的功效；园林观赏。

石仙桃属 *Pholidota* Lindl. ex Hook.

细叶石仙桃
Pholidota cantonensis Rolfe.

【生物学特征】附生草本。根状茎匍匐，分枝，直径2.5～3.5mm，密被鳞片状鞘，通常每相距1～3cm生假鳞茎，节上疏生根。假鳞茎狭卵形至卵状长圆形，长1～2cm，宽5～8mm，基部略收狭，幼嫩时为箨状鳞片所包，顶端生2枚叶。叶线形或线状披针形，纸质，长2～8cm，宽5～7mm，先端短渐尖或近急尖，边缘常多少外卷，基部收狭成柄；叶柄长2～7mm。花莛生于幼嫩假鳞茎顶端，发出时其基部连同幼叶均为鞘所包，长3～5cm；总状花序通常具10余朵花；花序轴不曲折；花苞片卵状长圆形，早落；花梗和子房长2～3mm；花小，白色或淡黄色，直径约4mm；中萼片卵状长圆形，长3～4mm，宽约2mm，多少呈舟状，先端钝，背面略具龙骨状凸起；侧萼片卵形，斜歪，略宽于中萼片；花瓣宽卵状菱形或宽卵形，长、宽各2.8～3.2mm；唇瓣宽椭圆形，长约3mm，宽4～5mm，整个凹陷而成舟状，先端近截形或钝，唇盘上无附属物；蕊柱粗短，长约2mm，顶端两侧有翅；蕊喙小。蒴果倒卵形，长6～8mm，宽4～5mm；果梗长2～3mm。花期4月，果期8～9月。

【分布及生境】江西九连山保护区有分布。生于海拔400～1000m林中或荫蔽处的岩石上。

【用途】假鳞茎具有养阴清肺、化痰止咳等功效；园林观赏。

石仙桃
Pholidota chinensis Lindl.

【生物学特征】附生草本。根状茎通常较粗壮，匍匐，直径3～8mm或更粗，具较密的节和较多的根，每相距5～15mm或更短距离生假鳞茎。假鳞茎狭卵状长圆形，大小变化甚大，一般长1.6～8cm，宽5～23mm，基部收狭成柄状；柄在老假鳞茎尤为明显，长达1～2cm。叶2枚，生于假鳞茎顶端，倒卵状椭圆形、倒披针状椭圆形至近长圆形，长5～22cm，宽2～6cm，先端渐尖、急尖或近短尾状，具3条较明显的脉，干后多少带黑色；叶柄长1～5cm。花葶生于幼嫩假鳞茎顶端，发出时其基部连同幼叶均为鞘所包，长12～38cm；总状花序常多少外弯，具数朵至20余朵花；花序轴稍左右曲折；花苞片长圆形至宽卵形，常多少对折，长1～1.7cm，宽6～8mm，宿存，至少在花凋谢时不脱落；花梗和子房长4～8mm；花白色或带浅黄色；中萼片椭圆形或卵状椭圆形，长7～10mm，宽4.5～6mm，凹陷成舟状，背面略有龙骨状凸起；侧萼片卵状披针形，略狭于中萼片，具较明显的龙骨状凸起；花瓣披针形，长9～10mm，宽1.5～2mm，背面略有龙骨状凸起；唇瓣轮廓近宽卵形，略3裂，下半部凹陷成半球形的囊，囊两侧各有1个半圆形的侧裂片，前方的中裂片卵圆形，长、宽各4～5mm，先端具短尖，囊内无附属物；蕊柱长4～5mm，中部以上具翅，翅围绕药床；蕊喙宽舌状。蒴果倒卵状椭圆形，长1.5～3cm，宽1～1.6cm，有6棱，3个棱上有狭翅；果梗长4～6mm。花期4～5月，果期9月至次年1月。

【分布及生境】九连山山脉均有分布。生于海拔400～800m的沟谷林下或林缘树上、岩壁上或岩石上。

【用途】假鳞茎具有养阴清肺、化痰止咳等功效；园林观赏。

舌唇兰属 *Platanthera* L. C. Rich.

小舌唇兰
Platanthera minor (Miq.) Rchb. f.

【生物学特征】地生草本。植株高20～60cm。块茎椭圆形，肉质，长1.5～2cm，粗1～1.5cm。茎粗壮，直立，下部具1～2(～3)枚较大的叶，上部具2～5枚逐渐变小为披针形或线状披针形的苞片状小叶，基部具1～2枚筒状鞘。叶互生，最下面的一枚最大，叶片椭圆形、卵状椭圆形或长圆状披针形，长6～15cm，宽1.5～5cm，先端急尖或圆钝，基部鞘状抱茎。总状花序具多数疏生的花，长10～18cm；花苞片卵状披针形，长0.8～2cm，下部的较子房长；子房圆柱形，向上渐狭，扭转，无毛，连花梗长1～1.5cm；花黄绿色，萼片具3脉，边缘全缘；中萼片直立，宽卵形，凹陷呈舟状，长4～5mm，宽3.5～4mm，先端钝或急尖；侧萼片反折，稍斜椭圆形，长5～6（～7）mm，宽2.5～3mm，先端钝；花瓣直立，斜卵形，长4～5mm，宽2～2.5mm，先端钝，基部的前侧扩大，有基出脉2条及1条支脉，与中萼片靠合呈兜状；唇瓣舌状，肉质，下垂，长5～7mm，宽2～2.5mm，先端钝；距细圆筒状，下垂，稍向前弧曲，长12～18mm；蕊柱短；药室略叉开；药隔宽，顶部凹陷；花粉团倒卵形，具细长的柄和圆形的黏盘；退化雄蕊显著；蕊喙矮而宽；柱头1个，大，凹陷，位于蕊喙之下。花期5～7月。

【分布及生境】九连山山脉均有分布。生于海拔500～1300m的山坡林下或草地。

【用途】全草入药，具有养阴润肺、益气生津等功效；园林观赏。

东亚舌唇兰
Platanthera ussuriensis (Regel et Maack) Maxim.

【生物学特征】地生草本。植株高20～55cm。根状茎指状，肉质，细长，弓曲。茎较纤细，直立，基部具1～2枚筒状鞘，鞘之上具叶，下部的2～3枚叶较大，中部至上部具1至几枚苞片状小叶。大叶片匙形或狭长圆形，直立伸展，长6～10cm，宽1.5～2.5(～3)cm，先端钝或急尖，基部收狭成抱茎的鞘。总状花序，具10～20（余）朵较疏生的花，长6～10cm；花苞片直立伸展，狭披针形，最下部的稍长于子房；子房细圆柱形，扭转，稍弧曲，连花梗长8～9mm；花较小，淡黄绿色；中萼片直立，凹陷呈舟状，宽卵形，长2.5～3mm，宽2～2.5mm，先端钝，具3脉；侧萼片张开或反折，偏斜，狭椭圆形，较中萼片略长，先端钝，具3脉；花瓣直立，狭长圆状披针形，与中萼片相靠合且近等长，宽仅约1mm，稍肉质，先端钝或近截平，具1脉；唇瓣向前伸展，多少向下弯曲，舌状披针形，肉质，长约4mm，基部两侧各具1枚近半圆形、前面截平、先端钝的小侧裂片；中裂片舌状披针形或舌状，宽约1mm，前、后等宽或向先端稍渐狭，先端钝；距纤细，细圆筒状，下垂，与子房近等长，向末端几乎不增粗。花期7～8月，果期9～10月。

【分布及生境】江西九连山保护区有分布。生于海拔400～900m的山坡林下、林缘或沟边。

【用途】根具解毒、消肿作用，外用于鹅口疮、痈疖肿毒、跌打损伤；全草补肾壮阳，用于肾虚、身体虚弱、咳嗽气喘。

南岭舌唇兰

Platanthera nanlingensis X. H. Jin et W. T. Jin.

【生物学特征】地生草本。植株高约30cm。根状茎梭状，肉质。茎直立，具2～5枚叶。叶无柄，椭圆形到披针形，基部的叶片最大，约9.8cm × 2.8cm，先端亚急尖。总状花序长约5cm，具25～30朵花；花苞片线状披针形，长5～9mm，宽2～3mm；花白色；子房圆柱形，长约9.5～11mm；中萼片卵状椭圆形，约5mm × 3mm，直立，先端钝，具3脉；侧萼片椭圆状到披针形，长约5.5mm × 2mm，先端钝，具3脉；花瓣斜卵形，约4.5mm × 2.5mm，不与中萼片靠合成兜状，先端钝，3～4脉；唇瓣全缘，肉质，舌状到椭圆形，约5mm × 1.5mm，先端钝，3脉；距下垂，较粗，圆柱形，短于或者等长于子房，7.5mm ×（1～1.2）mm；蕊柱较短，长1.5mm；药室平行；药隔较窄，宽约0.5mm；花粉块长约1.4mm，花粉团椭球形，具有明显的柄和黏盘；退化雄蕊近球形；蕊喙直立；柱头1个，凹陷。花期5月。

【分布及生境】广东黄牛石保护区有分布。生于海拔400～800m的林下或沟谷阴湿处。

【用途】园林观赏。

阴生舌唇兰

Platanthera yangmeiensis T. P. Lin

【生物学特征】地生草本。植株高22～40cm。块茎纺锤形，肉质。茎直立，细长，近基部具1或2枚大叶，往上具数枚披针形的小叶。基部的大叶片椭圆状倒披针形，长达15cm，宽达5cm，先端急尖，基部渐狭呈抱茎的鞘。总状花序常具5～8朵花；花苞片披针形，长8～30mm，下部的较花梗连子房长；子房圆柱形，扭转，无毛，连花梗长12～15mm；花淡黄色或淡绿色；中萼片圆形，凹陷呈舟状，长4.5mm，宽3.5mm，先端钝，具3脉；侧萼片反折，线状镰刀形，长6.5mm，宽1.8mm，先端渐尖，具2脉；花瓣直立，斜三角形，长5.5mm，宽1.8mm，前侧圆形，先端渐尖，具2脉，与中萼片靠合呈兜状；唇瓣宽线形，长7mm，宽1.6mm，向下弯，先端钝；距纤细，下垂，长17～23mm，弯曲，通常与子房平行；蕊柱宽3mm；药室平行；花粉团长约3mm，倒卵形，具细长的柄和圆形的黏盘；退化雄蕊明显；蕊喙凹入；柱头1个，甚平。花期6～8月。

【分布及生境】九连山山脉均有分布。生于海拔500～1000m山坡阴湿之林下、山沟的路边或山坡草丛中。

【用途】园林观赏。

独蒜兰属 *Pleione* D. Don

台湾独蒜兰
Pleione formosana Hayata

【生物学特征】附生草本。假鳞茎呈压扁的卵形或卵球形，上端渐狭成明显的颈，全长1.3～4cm，直径1.7～3.7cm，绿色或暗紫色，顶端具1枚叶。叶在花期尚幼嫩，长成后椭圆形或倒披针形，纸质，长10～30cm，宽3～7cm，先端急尖或钝，基部渐狭成柄；叶柄长3～4cm。花莛从无叶的老假鳞茎基部发出，直立，长7～16cm，基部有2～3枚膜质的圆筒状鞘，顶端通常具1花，偶见2花；花苞片线状披针形至狭椭圆形，长2.2～4cm，宽达7mm，明显长于花梗和子房，先端急尖；花梗连子房长1.5～2.7cm；花白色至粉红色，唇瓣色泽常略浅于花瓣，上面具有黄色、红色或褐色斑，有时略芳香；中萼片狭椭圆状倒披针形或匙状倒披针形，长4.2～5.7cm，宽9～15mm，先端急尖；侧萼片狭椭圆状倒披针形，多少偏斜，长4～5.5cm，宽10～15mm，先端急尖或近急尖；花瓣线状倒披针形，长4.2～6cm，宽10～15mm，稍长于中萼片，先端近急尖；唇瓣宽卵状椭圆形至近圆形，长4～5.5cm，宽3～4.6cm，不明显3裂，先端微缺，上部边缘撕裂状，上面具2～5条褶片，中央1条褶片短或不存在；褶片常有间断，全缘或啮蚀状；蕊柱长2.8～4.2cm，顶部多少膨大并具齿。蒴果纺锤状，长4cm，黑褐色。花期3～4月。

【分布及生境】产于江西九连山保护区下社。生于林下或林缘腐殖质丰富的土壤和岩石上。

【用途】园林观赏。

寄树兰属 *Robiquetia* Gaud.

寄树兰

Robiquetia succisa (Lindl.) Seidenf. et Garay.

【生物学特征】附生草本。茎坚硬，圆柱形，长达1m，粗5mm，节间长约2cm，下部节上具发达而分枝的根。叶二列，长圆形，长6～12cm，宽1.5～2 (～2.5) cm，先端近截头状并且啮蚀状缺刻。花序与叶对生，比叶长，常分枝，圆锥花序密生许多小花；花苞片向外伸展或稍反折，卵状披针形，长2～5mm，先端钻状；花梗和子房长6～10mm；花不甚开放，萼片和花瓣淡黄色或黄绿色，质地较厚；中萼片宽卵形，凹陷，长4～5mm，宽约4mm，先端钝；侧萼片斜宽卵形，与中萼片等大，先端近锐尖；花瓣较小，宽倒卵形，先端钝；唇瓣白色，3裂；侧裂片直立，耳状，长约4mm，宽2mm，先端钝并且带紫褐色，边缘稍波状；中裂片肉质，狭长圆形，两侧压扁，长约4mm，宽1mm，先端钝，中央具2条合生的高脊突；距黄绿色，长3～4mm，粗约2mm，中部缢缩而下部扩大成拳卷状，内面在腹壁上方具1枚扁圆形的附属物，背壁（位于蕊柱基部下方）具1枚片状的附属物；蕊柱长约3mm；蕊喙位于蕊柱基部上方，质地硬而肥厚，马鞍形；药帽前端伸长成长尾状；黏盘柄线形，长约3mm；黏盘近圆形，比黏盘柄宽。蒴果长圆柱形，长2.5～3cm，粗0.7～1cm，具8mm的柄，有5～6条肋，成熟后倒垂。花期6～9月，果期7～11月。

【分布及生境】广东黄牛石保护区有分布。生于海拔500～900m的疏林中树干上或山崖石壁上。

【用途】园林观赏。

苞舌兰属 *Spathoglottis* Bl.

苞舌兰
Spathoglottis pubescens Lindl.

【生物学特征】地生草本。假鳞茎扁球形，通常粗1～2.5cm，被革质鳞片状鞘，顶生1～3枚叶。叶带状或狭披针形，长达43cm，宽1～1.7(～4.5)cm，先端渐尖，基部收窄为细柄，两面无毛。花莛纤细或粗壮，长达50cm，密布柔毛，下部被数枚紧抱于花序柄的筒状鞘；总状花序长2～9cm，疏生2～8朵花；花苞片披针形或卵状披针形，长5～9mm，被柔毛；花梗和子房长2～2.5cm，密布柔毛；花黄色；萼片椭圆形，通常长12～17mm，宽5～7mm，先端稍钝或锐尖，具7条脉，背面被柔毛；花瓣宽长圆形，与萼片等长，宽9～10mm，先端钝，具5～6条主脉，外侧的主脉分枝，两面无毛；唇瓣约等长于花瓣，3裂；侧裂片直立，镰刀状长圆形，长约为宽的2倍，先端圆形或截形，两侧裂片之间凹陷而呈囊状；中裂片倒卵状楔形，长约1.3cm，先端近截形并有凹缺，基部具爪；爪短而宽，上面具1对半圆形、肥厚的附属物，基部两侧有时各具1枚稍凸起的钝齿；唇盘上具3条纵向的龙骨脊，其中央具1条隆起、肉质的褶片；蕊柱长8～10mm；蕊喙近圆形。花期7～10月。

【分布及生境】九连山山脉均有分布。生于海拔400～900m的山坡草丛中或疏林下。

【用途】园林观赏。

萼脊兰属 *Sedirea* Garay et Sweet

短茎萼脊兰
Sedirea subparishii (Z. H. Tsi) Christenson

【生物学特征】附生草本。茎长1～2cm，具扁平、长而弯曲的根。叶近基生，长圆形或倒卵状披针形，长5.5～19cm，宽1.5～3.4cm，先端钝并且不等侧2浅裂，基部具关节和抱茎的鞘，具多数平行细脉，但仅中脉明显。总状花序长达10cm，疏生数朵花；花苞片卵形，长6～9mm，先端稍钝；花梗和子房长约2.5cm；花具香气，稍肉质，开展，黄绿色带淡褐色斑点；中萼片近长圆形，长16～20mm，宽7～9mm，先端细尖而下弯，具5～6条脉，背面中肋翅状；侧萼片相似于中萼片而较狭，具5～6条脉，背面中肋翅状；花瓣近椭圆形，长15～18mm，宽约6mm，先端锐尖，具5～6条脉；唇瓣3裂，基部与蕊柱足末端结合而形成关节；侧裂片直立，半圆形，边缘稍具细齿；中裂片肉质，狭长圆形，长6mm，宽约1.2mm，在背面近先端处喙状凸起，基部（在距口处）具1个两侧压扁的圆锥形胼胝体，上面从基部至先端具1条纵向的高褶片；距角状，长约1cm，向前弯曲，向末端渐狭；蕊柱长约1cm，蕊柱足几不可见；蕊柱翅向蕊柱顶端延伸为蕊柱齿；蕊喙伸长，下弯，2裂；裂片长条形，长约4mm；药帽前端收窄；黏盘柄扁线形，常对折，向基部渐狭，黏盘近圆形。花期5月。

【分布及生境】江西九连山保护区有分布。生于海拔600～1000m的山坡林中树干上。

【用途】园林观赏。

绶草属 *Spiranthes* L. C. Rich.

香港绶草
Spiranthes hongkongensis S. Y. Hu et Barretto

【生物学特征】地生草本。植株高11～44cm。叶2～6枚，直立展开，线形至倒披针形，长4～12cm，宽0.5～0.9cm，先端锐尖。花序直立，长10～42cm，上部密被腺状短柔毛；花轴3.5～13cm，有许多螺旋排列的花；花苞片披针形，疏生腺状短柔毛，先端渐尖。花奶油白色；子房绿色，约4mm，腺状短柔毛；中萼片形成带花瓣的盔状，长约4mm，宽1.5mm，外表面具腺状短柔毛，先端钝；侧萼片长圆状披针形，稍斜，长约4mm，宽1.5mm，外表面具腺状短柔毛，先端钝；花瓣有时略带淡粉红色，长圆形，稍斜，约与中萼片等长，薄，具纹理，先端钝；唇瓣宽长圆形，长4～5mm，宽约2.5mm，加厚的基部和具2个透明的球形腺体，侧缘直立和卷曲，先端截钝和下弯，上具乳头状凸起；蕊柱直立，约1mm；花药卵圆形；花粉块约1mm；小喙三角形至披针形；柱头稍上升，盾形，具明显的3浅裂。花期3～4月。

【分布及生境】江西九连山保护区有分布。生于海拔600～1000m的山坡草地或水沟草丛中。

【用途】药用与园林观赏。

绶草
Spiranthes sinensis (Pers.) Ames.

【生物学特征】地生草本。植株高13～30cm。根数条，指状，肉质，簇生于茎基部。茎较短，近基部生2～5枚叶。叶片宽线形或宽线状披针形，极罕为狭长圆形，直立伸展，长3～10cm，常宽5～10mm，先端急尖或渐尖，基部收狭具柄状抱茎的鞘。花茎直立，长10～25cm，上部被腺状柔毛至无毛；总状花序具多数密生的花，长4～10cm，呈螺旋状扭转；花苞片卵状披针形，先端长渐尖，下部的长于子房；子房纺锤形，扭转，被腺状柔毛，连花梗长4～5mm；花小，紫红色、粉红色或白色，在花序轴上螺旋状排生；萼片的下部靠合；中萼片狭长圆形，舟状，长4mm，宽1.5mm，先端稍尖，与花瓣靠合呈兜状；侧萼片偏斜，披针形，长5mm，宽约2mm，先端稍尖；花瓣斜菱状长圆形，先端钝，与中萼片等长但较薄；唇瓣宽长圆形，凹陷，长4mm，宽2.5mm，先端极钝，前半部上面具长硬毛且边缘具强烈皱波状啮齿，唇瓣基部凹陷呈浅囊状，囊内具2个胼胝体。花期7～8月。

【分布及生境】江西九连山保护区横坑水、古坑等处有分布。生于海拔200～1000m的山坡林下、灌丛下、草地，或河滩沼泽草甸中、沟谷河边岩石上及荒地水湿处。

【用途】滋阴益气，凉血解毒，涩精。用于病后气血两虚，少气无力，遗精，失眠，燥咳，咽喉肿痛，肾虚，肺痨咯血；外用于毒蛇咬伤，疮肿。园林观赏。

带叶兰属 *Taeniophyllum* Bl.

带叶兰
Taeniophyllum glandulosum Bl.

【生物学特征】附生草本。植物体很小，无绿叶，具发达的根。茎几无，被多数褐色鳞片。根许多，簇生，稍扁而弯曲，长2～10cm或更长，粗0.6～1.2mm，伸展呈蜘蛛状着生于树干表皮。总状花序1～4个，直立，具1～4朵小花；花序柄和花序轴纤细，黄绿色，长5～10(～20)mm，粗0.2～0.3mm；花苞片二列，质地厚，卵状披针形，长0.7～1mm，先端近锐尖；花梗和子房长1.5～2mm，粗约0.3mm；花黄绿色，很小，萼片和花瓣在中部以下合生成筒状，上部离生；中萼片卵状披针形，长1.8～2.5mm或更长，宽约1.2mm，上部稍外折，先端近锐尖，背面中肋呈龙骨状隆起；侧萼片相似于中萼片，近等大，背面具龙骨状的中肋；花瓣卵形，长1.7～2.4mm或更长，宽约1.1mm，先端锐尖；唇瓣卵状披针形，长1.7～2.5mm，宽0.6～0.9mm，向先端渐尖，先端具1个倒钩的刺状附属物，基部两侧上举而稍内卷；距短囊袋状，长、宽约1mm，末端圆钝，距口前缘具1个肉质横隔；蕊柱长约0.5mm，具一对长约0.5mm而斜举的蕊柱臂；药帽半球形，前端不伸长，具凹缺刻。蒴果椭圆状圆柱形，长4mm，粗约2mm。花期4～7月，果期5～8月。

【分布及生境】广东黄牛石保护区有分布。常生于海拔500～900m的山地林中树干上。

【用途】园林观赏。

带唇兰属 *Tainia* Bl.

心叶带唇兰
Tainia cordifolia Hook. f.

【生物学特征】地生草本。假鳞茎似叶柄状，长约8cm，粗3～4mm，从基部向上逐渐变细，常为2枚筒状鞘所包，顶生1枚叶。叶肉质，上面灰绿色带深绿色斑块，背面具灰白色条带，卵状心形，长7～15cm，宽4～8cm，先端急尖，基部心形，无柄，具3条弧形脉。花莛直立，长达25cm；总状花序长约6cm，具3～5朵花；花序柄被2～3枚筒状鞘；花苞片小，狭披针形，长约7mm，先端渐尖；花梗和子房长1.5～1.8cm；花大，萼片和花瓣褐色带紫褐色脉纹；萼片相似，披针形，长约2.2cm，宽4～5mm，先端渐尖，具3条脉；侧萼片基部贴生于蕊柱足而形成宽钝的萼囊；花瓣较大，披针形，长约2cm，中部以下宽6mm，具5条脉；唇瓣近卵形，长2.5～3cm，稍3裂；侧裂片白色带紫红色斑点，近半卵形；中裂片黄色，近三角形，反折，先端急尖，边缘具紫色斑点；唇盘具3条黄色褶片，从基部延伸至近中裂片先端处，侧生的褶片在唇盘上两枚侧裂片之间增宽呈弧形；蕊柱长约1cm，具紫红色斑点，基部具长1.4cm的蕊柱足；蕊柱翅宽阔，向下延伸到蕊柱足基部。花期5～7月。

【分布及生境】广东黄牛石保护区有分布。生于海拔400～900m的沟谷林下阴湿处。

【用途】园林观赏。

带唇兰
Tainia dunnii Rolfe.

【生物学特征】地生草本。假鳞茎暗紫色，圆柱形，罕为卵状圆锥形，长1～7cm，下半部常较粗，粗5～10mm，被膜质鞘，顶生1枚叶。叶狭长圆形或椭圆状披针形，长12～35cm，宽6～60mm，先端渐尖，基部渐狭为柄；叶柄长2～6cm，具3条脉。花莛直立，纤细，长30～60cm，具3枚筒状膜质鞘，基部的2枚鞘套叠；总状花序长达20cm；花序轴红棕色，疏生多数花；花苞片红色，狭披针形，长3～7mm，先端渐尖；花梗和子房红棕色，长约1cm，子房膨大为棒状；花黄褐色或棕紫色；中萼片狭长圆状披针形，长11～12mm，宽2.5～3mm，先端急尖或稍钝，具3条脉，仅中脉较明显；侧萼片狭长圆状镰刀形，与中萼片等长，基部贴生于蕊柱足而形成明显的萼囊；花瓣与萼片等长而较宽，先端急尖或锐尖，具3条脉，仅中脉较明显；唇瓣整体轮廓近圆形，长约1cm，基部贴生于蕊柱足末端，前部3裂；侧裂片淡黄色，具许多紫黑色斑点，直立，三角形，长约2.5mm，先端锐尖，向前弯，摊平后两侧裂片先端之间相距1cm；中裂片黄色，横长圆形，先端近截形或凹缺而具1个短突；唇盘上面无毛或稍具短毛，具3条褶片，两侧的褶片呈弧形，较高，中央的褶片为龙骨状；蕊柱纤细，向前弯曲，长约8mm，上部扩大，具长约2mm的蕊柱足；药帽顶端两侧各具1枚紫色的圆锥状凸起物。花期通常3～4月。

【分布及生境】江西九连山保护区虾公塘有分布。生于海拔300～1000m的常绿阔叶林下或山间溪边及路旁林缘灌丛中。

【用途】园林观赏。

线柱兰属 *Zeuxine* Lindl.

芳线柱兰
Zeuxine nervosa (Lindl.) Trimen

【生物学特征】地生草本。植株高20～40cm。根状茎伸长，匍匐，肉质，茎状，具节。茎直立，圆柱形，具3～6枚叶。叶片卵形或卵状椭圆形，长4～6cm，宽2.5～4.5cm，上面绿色或沿中肋具1条白色的条纹，先端急尖，基部收狭成长1～1.5cm的柄。总状花序细长，直立，具数朵疏生的花；花苞片卵状披针形，舟状，长约7mm，宽约4.5mm，先端渐尖，红褐色，背面被毛；子房圆柱形，扭转，被毛，连花梗长8～9mm；花较小，甚香，半张开；中萼片红褐色或黄绿色，卵形，凹陷，长5～5.5mm，宽4.5～5mm，先端急尖或近渐尖，无毛；侧萼片长圆状卵形，长6～6.5mm，宽约3.5mm，先端急尖或钝，与中萼片同色，无毛；花瓣呈偏斜的卵形，长约5.5mm，宽约3.2mm，先端钝，无毛，与中萼片粘合呈兜状；唇瓣呈“Y”字形，长7mm，前部扩大，宽约4.5mm，白色，并2裂，其裂片近圆形或倒卵形，基部具绿色斑点，两裂片之间的夹角呈“V”字形；中部收狭成爪，爪白色，边缘全缘，内卷，基部扩大且凹陷呈囊状，囊内两侧各具1个裂为3～4角状的胼胝体。花期2～3月。

【分布及生境】江西九连山保护区有分布。生于海拔500～1000m的石灰岩山谷或山洼地密林下阴湿处或石缝中。

【用途】园林观赏。

线柱兰
Zeuxine strateumatica (L.) Schltr.

【生物学特征】地生草本。植株高4～28cm。根状茎短，匍匐。茎淡棕色，直立或近直立，具多枚叶。叶淡褐色，无柄，具鞘抱茎，叶片线形至线状披针形，长2～8cm，宽2～6mm，先端渐尖，有时均成苞片状。总状花序几乎无花序梗，具几朵至20余朵密生的花，长2～5cm，花序轴无毛或有毛；花苞片卵状披针形，红褐色，长8～12mm，先端长渐尖，长于花，背面无毛或有毛；子房椭圆状圆柱形，扭转，无毛或有毛，连花梗长5～6mm；花小，白色或黄白色；萼片背面无毛或有毛；中萼片狭卵状长圆形，凹陷，长4～5.5mm，宽2～2.5mm，先端钝，具1脉，与花瓣粘合呈兜状；侧萼片呈偏斜的长圆形，长4～5mm，宽1.8～2mm，先端急尖，具1脉；花瓣歪斜，半卵形或近镰状，与中萼片等长，宽1.5～1.8mm，先端钝，具1脉，无毛；唇瓣肉质或较薄，舟状，淡黄色或黄色，基部凹陷呈囊状，其内面两侧各具1个近三角形的胼胝体，中部收狭成长约0.5mm、中央具沟痕的短爪，前部稍扩大，横椭圆形，长2mm，宽约1.4mm，顶端圆钝，稍凹陷或具稍微凸起。蒴果椭圆形，长约6mm，淡褐色。花期春、夏。

【分布及生境】江西九连山保护区有分布。生于海拔600～1000m以下的沟边或河边的潮湿草地。

【用途】草地观赏植物。

参考文献

陈心启, 1998. 中国兰花全书 [M]. 北京: 中国林业出版社.

陈心启, 吉占和, 罗毅波, 1999. 中国野生兰科植物彩色 [M]. 北京: 科学出版社.

陈兴惠, 2020. 玉凤花属4种植物的传粉生物学研究 [D]. 南昌: 南昌大学.

程瑾, 刘世勇, 何荣, 等, 2007. 兔耳兰食源性欺骗传粉的研究[J]. 生物多样性, 15: 608-617.

寸宇智, 2005. 缘毛鸟足兰的生殖生态学研究[D]. 北京：中国科学院研究生院(植物研究所）.

丁浩, 2016. 白肋翻唇兰生殖生物学研究[D]. 南昌：南昌大学.

广东黄牛石保护区管理处, 2015. 广东黄牛石保护区野生动植物资源本底调查报告.

何俊, 2011. 九连山亚热带常绿阔叶林群落特征和冰雪干扰受损研究 [D]. 北京: 北京林业大学: 43-61.

何俊, 赵秀海, 范娟, 等, 2010. 九连山亚热带常绿阔叶林群落特征研究 [J]. 西北植物学报, 30(10): 2093-2102.

江西省地方志编纂委员会, 1994.江西省志(江西动植物志) [M]. 北京: 中共中央党校出版社.

江西植物志编委会, 1993. 江西植物志(1卷) [M]. 南昌: 江西科学技术出版社.

江西植物志编委会, 2004. 江西植物志(2卷) [M]. 北京: 中国科学技术出版社.

金伟涛, 向小果, 金效华, 2015. 中国兰科植物属的界定:现状与展望[J]. 生物多样性, 23(2): 237-242.

金效华, 陈心启, 覃海宁, 等, 2002. 滇西槽舌兰的传粉生物学研究[C]. 第七届全国系统与进化植物学青年学术研讨会论文摘要集: 106.

孔令杰, 2011. 江西省野生兰科植物区系的组成及特征 [D]. 南昌: 南昌大学.

孔令杰, 彭德镇, 李波, 等, 2010. 九连山自然保护区兰科植物资源分布及其特点 [J]. 植物科学学报, 28(5): 554-560.

李鹏, 罗毅波，2009. 中国特有兰科植物褐花杓兰的繁殖生物学特征及其与西藏杓兰的生殖隔离研究[J]. 生物多样性, 17: 406-413.

林英, 1986. 江西森林 [M]. 北京: 中国林业出版社.

刘芬, 李全健, 王彩霞, 等, 2013. 濒危植物扇脉杓兰的花部特征与繁育系统 [J]. 林业科学, 10(1): 53-60.

刘环, 王程旺, 肖汉文, 等, 2020. 江西省兰科植物新资料 [J]. 南昌大学学报(理科版), 44(2): 167-171.

刘可为, 刘仲健, 雷嗣鹏, 等, 2005. 杏黄兜兰传粉生物学的研究[J]. 深圳特区科技（Z1）: 171-183.

刘林德, 张洪军, 祝宁, 等, 2001. 刺五加花粉活力和柱头可授性的研究 [J]. 植物研究, 21(3): 375-379.

刘南南, 2019. 多叶斑叶兰传粉机制及繁殖生物学研究 [D]. 南昌: 南昌大学.

刘仁林, 张志翔, 廖为明, 2010. 江西种子植物名录 [M]. 北京: 中国林业出版社.

刘信中, 2002. 江西九连山自然保护区科学考察与森林生态系统研究 [M]. 北京: 中国林业出版社.

刘仲健, 张建勇, 茹正忠, 等, 2004. 兰科紫纹兜兰的保育生物学研究[J]. 生物多样性, 12(5): 509-516.

罗毅波, 贾建生, 王春玲, 2003. 中国兰科植物保育的现状和展望 [J]. 生物多样性, 11(1): 70-77.

任宗昕, 王红, 罗毅波, 2012,.兰科植物欺骗性传粉 [J]. 生物多样性, 20(3): 270-279.

沈宝涛, 罗火林, 唐静, 等, 2017. 九连山兰科植物资源现状及保护策略 [J]. 沈阳农业大学学报, 48(5): 597-603.

史军, 程瑾, 罗敦, 等，2007. 利用传粉综合征预测：长瓣兜兰模拟繁殖地欺骗雌性食蚜蝇传粉[J]. 植物分类学报, 45: 551-560.

孙海芹，2005. 独花兰和扇脉杓兰的传粉生态学[D]. 北京：中国科学院研究生院（植物研究所）.

汪松, 解焱, 2004. 中国物种红色名录　第一卷 [M]. 北京: 高等教育出版社.

王程旺, 梁跃龙, 张忠, 等, 2018. 江西省兰科植物新记录 [J].森林与环境学报, 38(3):367-371.

王武, 2013. 泽泻虾脊兰的传粉生物学研究 [D]. 南昌: 南昌大学.

肖汉文, 2019. 白肋翻唇兰生殖生物学研究Ⅱ [D]. 南昌: 南昌大学.

徐国良, 2014. 江西省及九连山地区维管植物新记录 [J]. 亚热带植物科学(2): 127-132.

徐国良, 2021. 江西省6种植物新记录 [J]. 热带作物学报, 42(3): 698-702.

徐国良, 赖辉莲, 2015. 江西省2种兰科植物分布新记录 [J]. 亚热带植物科学(3): 253-254.

徐国良, 李子林, 2020. 九连山自然保护区10种维管植物新记录 [J].生物灾害科学, 43(3): 298-302.

庾晓红, 罗毅波, 董鸣, 2008. 春兰(兰科)传粉生物学的研究[J]. 植物分类学报, 46（2）: 163-174.

查兆兵, 2016. 多叶斑叶兰繁育系统与传粉生物学研究 [D]. 南昌: 南昌大学.

张殷波, 杜昊东, 金效华, 等, 2015. 中国野生兰科植物物种多样性与地理分布 [J]. 科学通报 (2): 179-188.

赵运林, 1994. 兰科植物传粉生物学研究概述 [J]. 植物学通报, 11(3): 27-33.

《中国高等植物彩色图鉴》编委会, 2016. 中国高等植物彩色图鉴. 第九卷, 被子植物 薯科-兰科[M]. 北京: 科学出版社.

中国植物志编委会, 1999. 中国植物志(17-19卷) [M]. 北京: 科学出版社.

周育真，2013. 台湾独蒜兰传粉与生殖策略研究[D]. 福州：福建农林大学.

Arakaki N, Yasuda K, Kanayama S, et al, 2016. Attraction of males of the cupreous polished chafer *Protaetia pryeri* (Coleoptera: Scarabaeidae) for pollination by an epiphytic orchid *Luisia teres* (Asparagales: Orchidaceae)[J]. Applied Entomology and Zoology, 51(2): 241-246.

Baker H G, Baker I, 1982. Chemical Constituents of Nectar in Relation to Pollination Mechanisms and Phylogeny [M]. Chicago: University of Chicago Press.

Bullini L, Cianchi R, Arduino P, et al, 2001. Molecular evidence for allopolyploid speciation and a single origin of the western Mediterranean orchid *Dactylorhiza insularis* (Orchidaceae)[J]. Biological Journal of the Linnean Society, 72: 193-201.

Coleman E, 1927. Pollination of the orchid *Cryptostylis leptochila*[J]. Victorian Naturalist，44: 20-22.

Dafni A, Bernhardt P, 1989. Pollination of terrestrial orchids of southern Australia and the Mediterranean Region: Systematic, ecological and evolutionary implications[M]. In: Hecht, M. K., Wallace, B.&R. J. MacIntyre. eds. Evolutionary Biology, Volume 24. Plenum Press, New York. 193-252.

Dressler R L, 1981. The Orchids: Natural History and Classification[M]. Cambridge, Mass.: Harvard University Press.

Dressler R L, 1993. Phylogeny and Cassification of the Orchid Family[M]. Cambridge: Cambridge University Press.

Jersáková J, Johnson S D, Kindlmann P, 2006. Mechanisms and evolution of deception pollination in orchids[J]. Biological Reviews, 81: 219-235.

Jersáková J, Spaethe J, Streinzer M, et al, 2016. Does *Traunsteinera globosa* (the globe orchid) dupe its pollinators through generalized food deception or mimicry? [J].Botanical Journal of the Linnean Society, 180: 269-294.

Liu Kewei, Liu Zhongjian, Huang Laiqiang, et al, 2006. Pollination: Self-fertilization strategy in an orchid[J]. Nature, 441: 945-946.

Luo Yibo, 2004. Cytological studies on some representative species of the tribe Orchideae (Orchidaceae) from China[J]. Botanical Journal of the Linnean Society, 145: 231-238.

Nunes C E P, Amorim F W, Mayer J L S, et al, 2016. Pollination ecology of two species of *Elleanthus* (Orchidaceae): novel mechanisms and underlying adaptations to hummingbird pollination[J]. Plant Biology (Stuttgart, Germany), 18: 15-25.

Poinar G, 2016. Orchid pollinaria (Orchidaceae) attached to stingless bees (Hymenoptera: Apidae) in Dominican amber[J]. Neues Jahrbuch für Geologie und paläontologoe-Abhandlungen, 279: 287-293.

Pouyanne A, 1917. Le fecundation des Ophrys par les insects. Bulletin de la Société d' Histoire Naturelle l' Afrique[J]. du Nord, 8: 6-7.

Sorensen A M, Rouse D T, Clements M A, et al, 2009. Description of a fertilization-independent obligate apomictic species: *Corunastylis apostasioides* Fitzg[J]. Sexual plant reproduction, 22: 153-165.

Sprengel C K, 1793. Discovery of the secret nature in the structure and fertilization of flowers.

Sprengel C K, 1996. Discovery of the Secret of Nature in the Structure and Fertilization of Flowers[M]. In: Lloyd D. G. , Barrett S. C. H. (eds) Floral Biology. Springer, Boston, M A.

Sun Mei, 1997. Genetic diversity in three colonizing orchids with contrasting mating systems[J]. American Journal of Botany, 84: 224-224.

van der Cingel N A， 1995. An Atlas of Orchid Pollination-European Ochids[M]. Rotterdam, Netherlands and Brookfield, USA: A. A. Balkema Publishers: 153-154.

van der Cingel N A, 2001. An Atlas of Orchid Pollination-America, Africa, Asia and Australia[M]. Rotterdam, Netherlands and Brookfield, USA: A. A. Balkema Publishers: 66-69.

图 版

图版1　多叶斑叶兰种子活力测定和访花昆虫

1、2. 染色的花粉、具可授性的柱头（10×4.5）　3、4. 失去活力的种子、具有活力的种子（10×4.5）
5～8. 访花昆虫：中华蜜蜂、小黑斑凤蝶、胡蜂和熊蜂
9～12. 中华蜜蜂传粉过程：访花、带出花粉块、携走花粉块、携带花粉块访花
13、14. 不同颜色布条、中华蜜蜂访问黄色布条　15、16. 蘸有不同试剂的药棉、中华蜜蜂访问药棉

图版2　多叶斑叶兰种子无菌培养动态以及与多叶斑叶兰同期开花植物的花

1～6. 种子无菌培养生长动态（单株）：1个月、2个月、3个月、4个月、5个月、6个月

7～12. 种子无菌培养生长动态（整体）：1个月、2个月、3个月、4个月、5个月、6个月

13～23. 多叶斑叶兰及与其同期开花植物的花：多叶斑叶兰、小果山龙眼、白肋翻唇兰、阔叶山麦冬、柳叶毛蕊茶、多花山竹子、淡竹叶、对叶楼梯草、疏花长柄山蚂蝗、冷水花、金线草

图版3 白肋翻唇兰的生境、花以及花序的开花顺序

1、2. 生境

3、4. 花的形态特征（4中各字母表示：a. 中萼片；b. 花瓣；c. 花药；d. 柱头；e. 侧萼片；f. 唇瓣）

5~10. 花序的开花方式（5. 全为花蕾；6. 上部开花；7. 上部凋谢，中部开花；8、9. 上、中部凋谢，下部开花；10. 全部凋谢）

图版4　白肋翻唇兰花粉活力、柱头可授性以及发育成熟的果实和种子

1、2. 花粉块　3. 盛花期的花粉活力　4、5. 柱头及其盛花期的柱头可授性
6. 同期开花兰科植物多叶斑叶兰的柱头可授性　7. 花凋谢7d后的果实
8. 成熟并饱满的果实　9. 种子

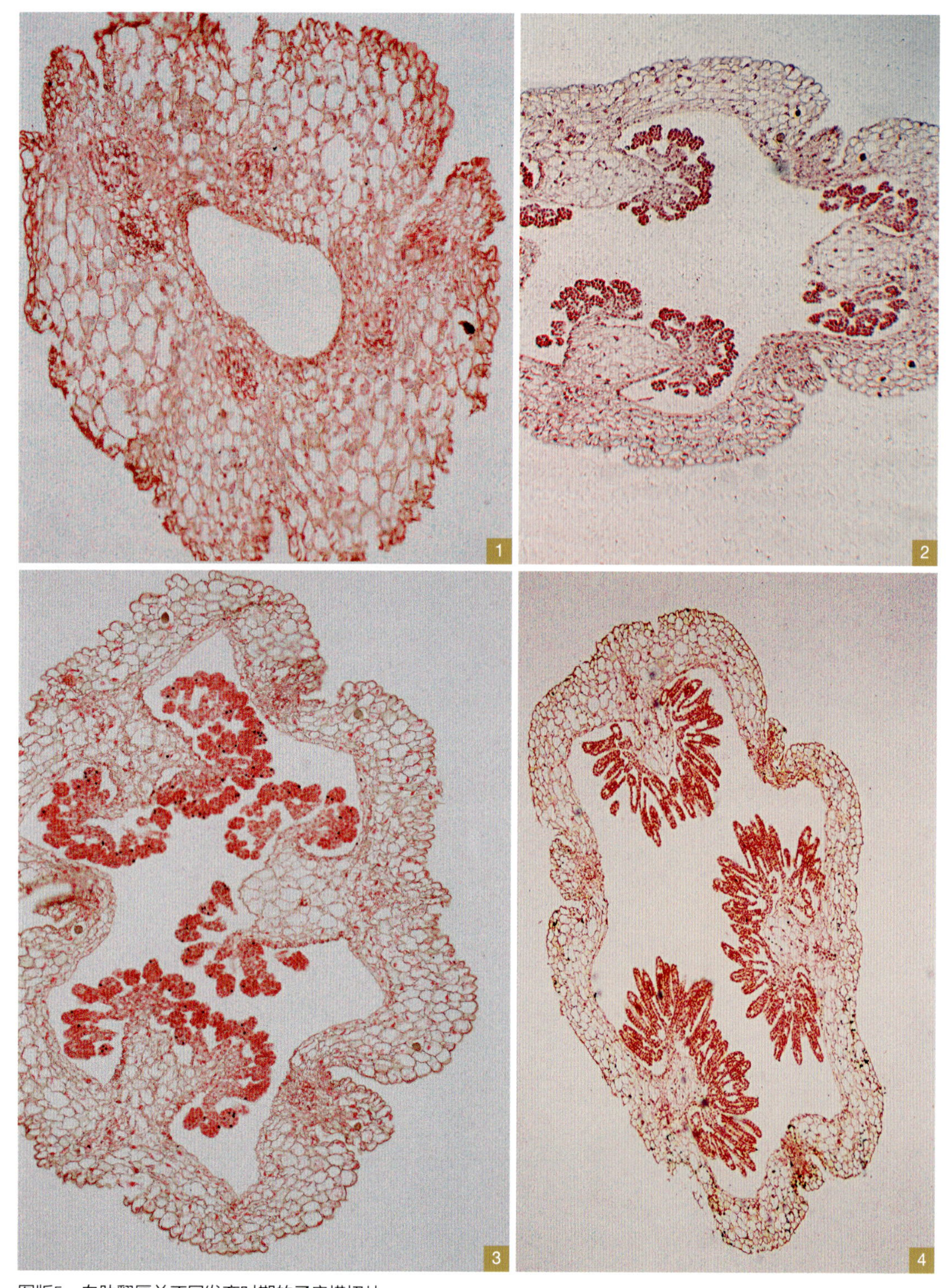

图版5　白肋翻唇兰不同发育时期的子房横切片

1. 花芽期的子房（×100）　2. 花蕾期的子房（×100）
3. 盛花期的子房（×100）　4. 凋谢期的子房（×100）

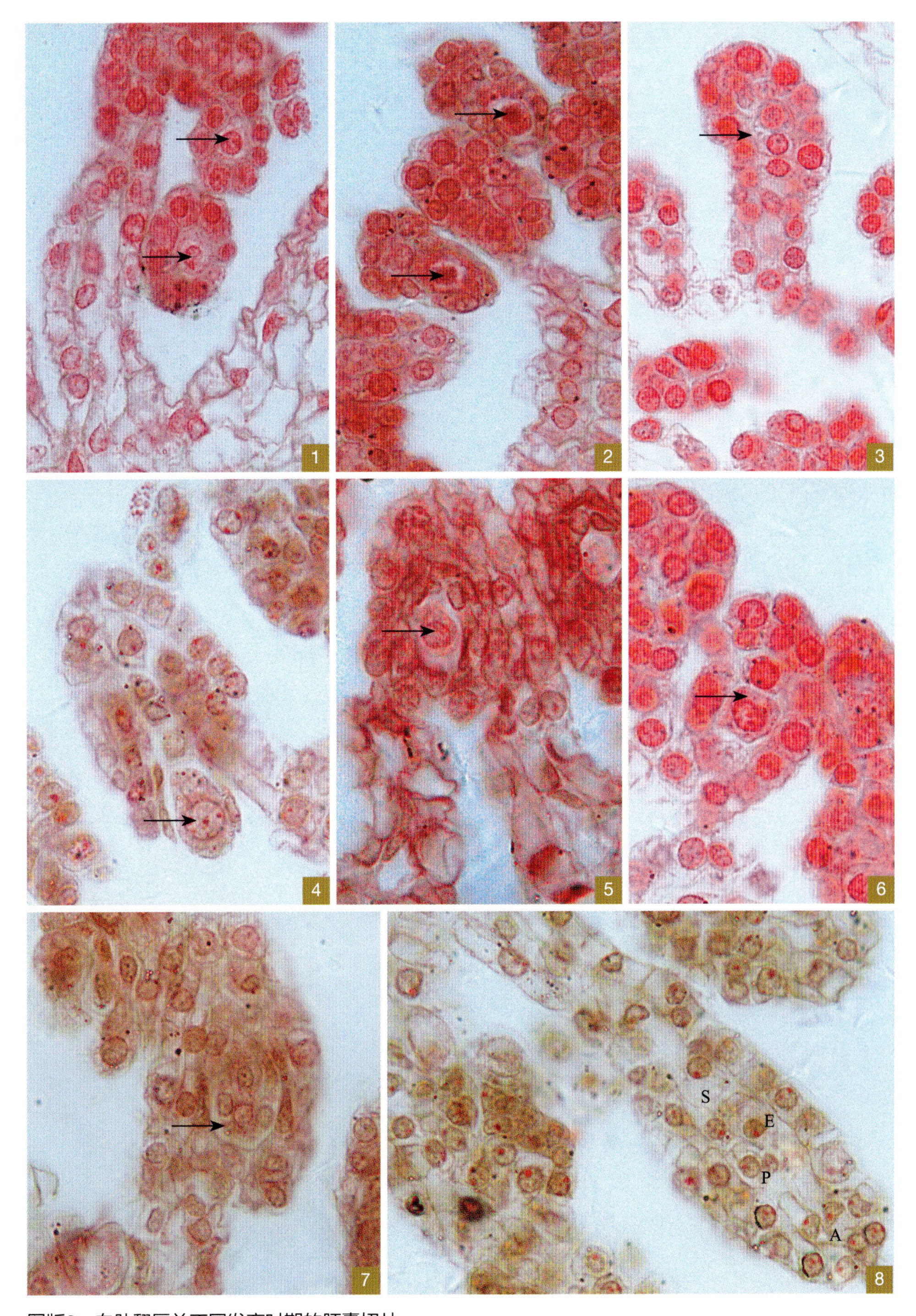

图版6　白肋翻唇兰不同发育时期的胚囊切片

1. 孢原细胞（箭头所指，×1000）　2. 大孢子母细胞（箭头所指，×1000）　3. 大孢子四分体（×1000）

4. 大孢子四分体，功能大孢子正在分裂（箭头所指，×1000）　5. 单核胚囊（×1000）

6. 二核胚囊（×1000）　7. 四核胚囊（×1000）

8. 八核胚囊（八核七细胞的成熟胚囊，×1000）：A. 反足细胞；P. 中央极核；E. 卵细胞；S. 助细胞

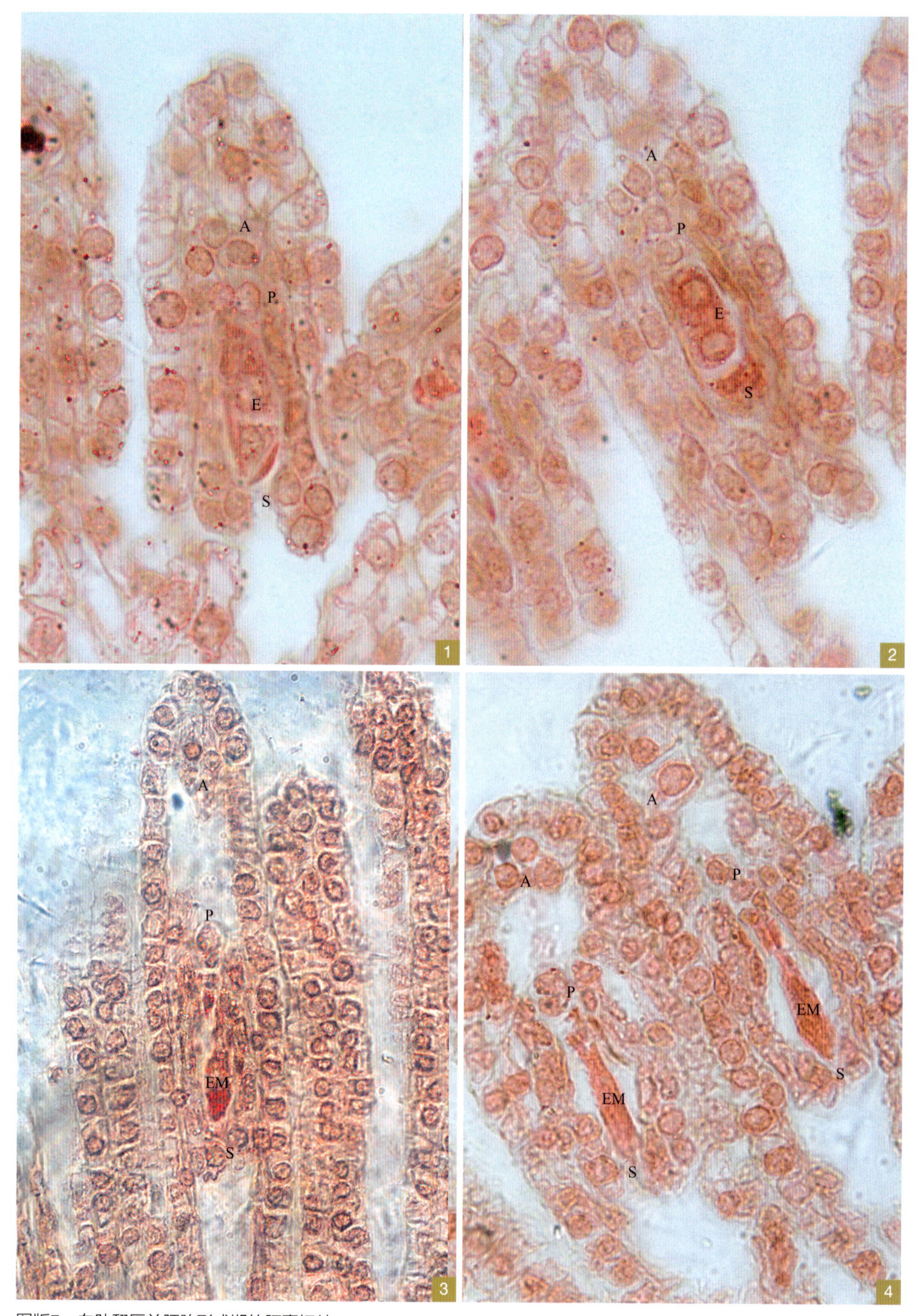

图版7　白肋翻唇兰胚胎形成期的胚囊切片

1、2. 卵细胞正在分裂（×1000）：A. 反足细胞；P. 中央极核；E. 卵细胞；S. 助细胞

3、4. 卵细胞形成原胚（×1000）：A. 反足细胞；P. 中央极核；EM. 胚；S. 助细胞

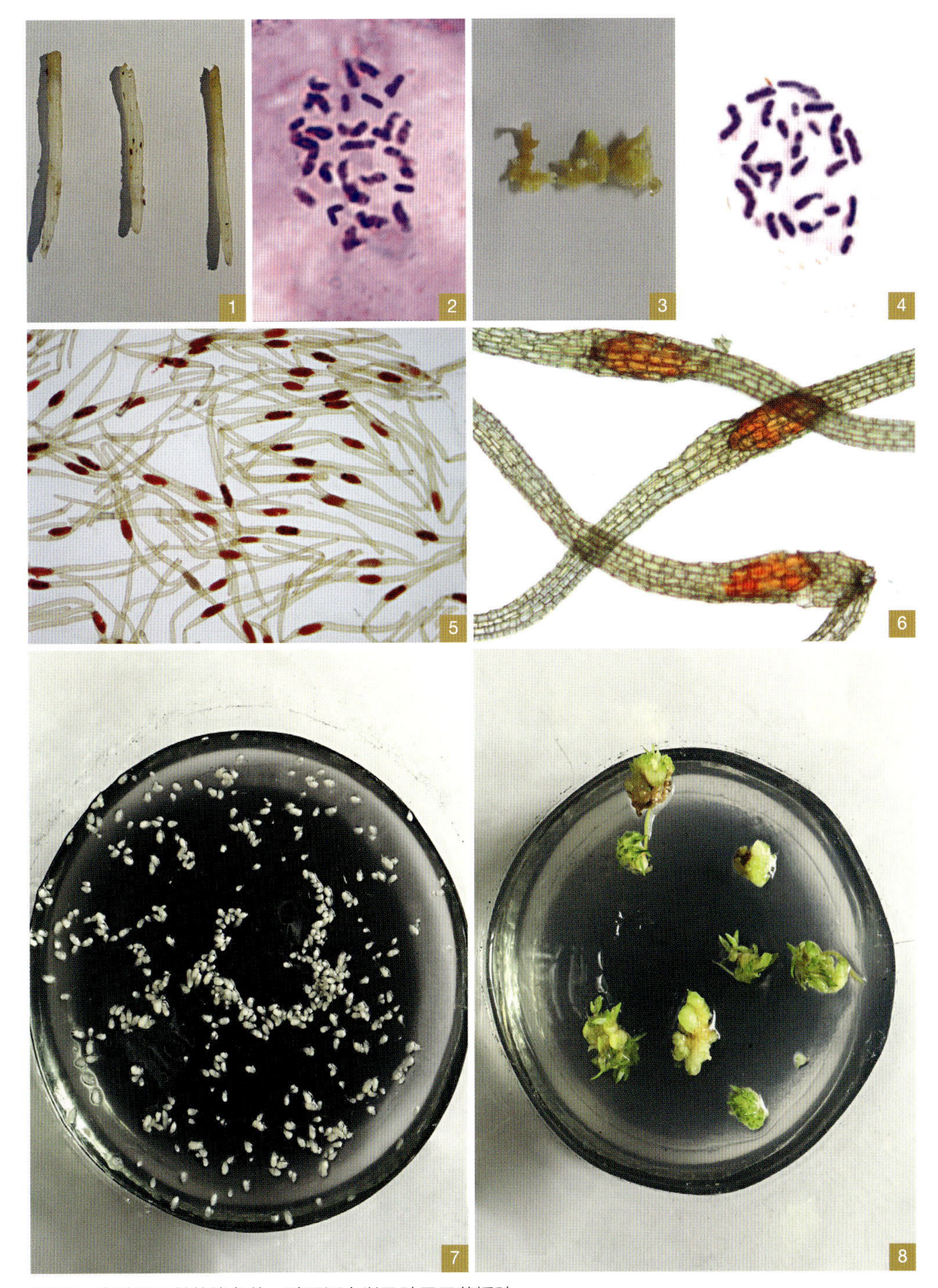

图版8　白肋翻唇兰的染色体、种子活力以及种子无菌播种

1. 野生植株的根尖　2. 野生植株的染色体（×1000）
3. 转接到新培养基4~5d后，开始分化的茎段
4. 转接到新培养基4~5d后，开始分化的茎段的染色体（×1000）
5、6. 染色12h后种子活力　7. 种子播种90d后开始萌发　8. 种子播种120d后形成的圆球茎

中文名索引